U0512019

流域

[加] 格雷戈尔·吉尔平·贝克 (Gregor Gilpin Beck) ◎著

[加] 克莱夫·多布森 (Clive Dobson) ◎绘

吴玉凯 陆沁阳 刘 园 ◎译

原书第2版

重塑人与水的未来

WATERSHEDS
A Practical Handbook for Healthy Water, 2e

机械工业出版社
CHINA MACHINE PRESS

这是一本以流域为主题的科普图书，从生态保护、环境治理、水土保持、流域内的生物多样性、水域环境污染、流域的自然变化、流域城市化以及绿色生态等角度，对流域与自然和人类的关系进行了介绍，并配有精美的插图。本书能让读者更好地理解生态学的基本原理，并从研究和解释影响自然生态系统健康的众多环境问题中，找到一些帮助保护和恢复自然环境的方法。本书适合关注生态环境热点的成年人，以及热爱生态学的初高中生阅读。此外，本书也可作为中学生物课程的补充材料。

图书在版编目（CIP）数据

流域：重塑人与水的未来：原书第2版 / （加）格雷戈尔·吉尔平·贝克（Gregor Gilpin Beck）著；（加）克莱夫·多布森（Clive Dobson）绘；吴玉凯，陆沁阳，刘园译. -- 北京：机械工业出版社，2024. 10.
ISBN 978-7-111-76834-0

Ⅰ. X171.4-49

中国国家版本馆CIP数据核字第2024ES9682号

机械工业出版社（北京市百万庄大街22号　邮政编码100037）
策划编辑：卢婉冬　蔡　浩　　责任编辑：卢婉冬　蔡　浩
责任校对：龚思文　王　延　　责任印制：单爱军
北京瑞禾彩色印刷有限公司印刷
2025年7月第1版第1次印刷
180mm×230mm·10印张·159千字
标准书号：ISBN 978-7-111-76834-0
定价：89.00元

电话服务　　　　　　　　　网络服务
客服电话：010-88361066　　机　工　官　网：www. cmpbook. com
　　　　　010-88379833　　机　工　官　博：weibo. com/cmp1952
　　　　　010-68326294　　金　书　网：www. golden-book. com
封底无防伪标均为盗版　　　机工教育服务网：www. cmpedu. com

序 言
PREFACE

　　3月初，当我们在宁静的早晨散步时，大自然的景象会浮现在脑海中。在北美的东北地区，枫树、山毛榉和雪松中间仍有大量的积雪。春季解冻才刚刚开始，空气中弥漫着浓浓的雾气，虽然冬天已成过客，但树林里的残雪仍可没过高筒靴。

　　这是一年中神奇的时刻，在这个寒冷的地区，温暖的春天似乎还遥不可及。然而，在积雪的下面和不断上升的树液中，复苏和新生的乐章正在喧闹而清晰地唱响。目及之处，又见溪流涌动！

　　森林里还覆盖着厚厚的积雪，但四处的小溪已经玩起了捉迷藏的游戏。我们情不自禁地被吸引到这些地方，溪流在积雪下面时隐时现。在一个月内，这些地表水道将会消失殆尽。

　　我们在不知不觉中像孩子般着迷地沿溪流继续往下走。首先映入眼帘的是积雪中一块平缓的洼地，然后是一片冰面，最后在更远的地方可以见到一小片地表水。这只是一股涓涓细流，这里肯定没有密西西比河或弗雷泽河，但即使是那些滔滔江河，其源头也并不宽广。水流在一些地方穿过冰雪消融的大地，悠闲地蜿蜒前行；而在另一些地方水流变得狭小，形成了明显的小溪。这条迷你小溪在砾石和沙地上快速而无拘无束地流淌着。

我们尽可能地顺着这条神出鬼没的小溪前行，但它最终还是在积雪的下面消失得无影无踪。也许它仍然在我们看不见的地方继续流动，在积雪和冻土之间闯出了一条小峡谷；也许它沿着地下秘密通道流进了冰封的湖里。不管它的实际路径如何，我们知道，这些水以及随之而来的各种污染物和营养物都将进入下游的河流和湖泊，最终汇入大海。

无论我们生活在哪里，我们都属于一个极大流域的组成部分，我们都是大自然的一部分。在地球上，水是生命的必需品，而它也一直在不断地变化着。也许这就是冰雪融化形成的溪流令我们着迷的部分原因，也是其他河流、湖泊和海洋令我们着迷的部分原因。我们相信越来越多的人在凝视着河流时会想知道它从哪里来，又将到哪里去。

当我们探查流域的奥秘时，可以发现许多既奇妙又令人担忧的事情。为了完成这些观察，我们开启了探索之旅，同时也收获了理解和支持。因为水是我们的生命之源，所以它自然就成了介绍生态和环境问题书籍的中心，就像本书一样。

在本书中，我们要完成三个主要目标。首先，我们希望本书能促进人们更好地理解生态学的基本原理。因为水对生命至关重要，所以我们特别关注与水有关的问题，包括从简单的流域概念到湿地生态系统的生物复杂性。有了这些生态学知识储备后，我们瞄准的第二个目标是研究和解释影响北美洲自然生态系统健康的众多环境问题。最后，我们希望读者能够积极地促进对自然环境的保护，并帮助恢复环境。在书中的第二部分，我们提供了"我如何帮助？"的内容，补充了一些个人为支持环境所能做的简单事情。

关于本书第 2 版的说明

自本书首次出版以来的二十多年里，很多事情发生了变化，也有很多事情还保持着原样。现在，读者对这本书的需求与 20 世纪 90 年代末一样巨大。我们仍然与水和流域联系在一起，我们仍然是大自然不可分割的一部分。因此，我们在书中讨论的基本生态学原理仍具有现实意义，同时由于环境挑战越来越紧迫，使得了解诸多环境挑战变得更加重要。自本书首次出版以来，全球人口数已增长了 20 多亿，我们对自然资源的消耗和整体生态足迹以不可持续的模式增长，因此我们更加关注有效应对环境挑战的解决方案。

本书第 2 版最重要的变化是增加了与气候变化和全球生物多样性两种生态危机相关的内容。自 2000 年以来，这两种生态危机的严重程度显著增加，并在许多方面威胁着地球上的植物、动物和全球生态系统。

本书第 2 版对这些问题给予了全新的关注，并对所有章节进行了更新。本书不仅解释了这些问题，而且还告诉了我们许多日常生活中的简单方法，这些方法可以使我们减少对环境的影响。我们希望更多的人参与环境保护，并尽可能多地采取行动来维护和改善我们身边的流域和地球的健康。

格雷戈尔·吉尔平·贝克

克莱夫·多布森

目 录
CONTENTS

第一部分
生态学和流域

在最简单的层面上，降水从天空飘向地面，着陆后继续着永无止境地循环。这些水从上游顺流而下，历经沼泽、湖泊和河流。

地球上的水量是有限的，它只是保持着一遍又一遍地循环。来自太阳的热量把水蒸发到大气中，降水又将其重新带回地面。由此，流域内的下游水体得到更新。水可以被植物和动物利用，也可以冻结成冰川，滞留于大型湖泊或通过蒸发回到大气中。然而，水循环中大部分的水最终将通过水道流入大海。

从前，大自然没有受到人类的影响，流域是完全野生而奇妙的系统。多年来，无数植物和动物已经适应了地球上几乎每一个角落——从炎热潮湿到寒冷干燥——的生存环境。然而，世界各地的自然流域在最短的地质年代发生了显著的改变。人口的增长和技术的进步，以及人类对自然资源的需求日益增长，给环境造成了广泛的破坏。我们最宝贵的资源——水，在多种环境污染中都遭到破坏。

通过倾听水的"声音"，我们可以了解到林业、农业和工业以及城市化对环境的影响。这些"声音"是由反映它们所在地区的健康状况的支流、湿地或泉组合在一起生成的。当水从源头向山下流出时，它收集并记录了沿途环境被侵扰和改善的情况。同时，水也教会了我们生态学原理。

北美洲流域

北极流域

太平洋流域

哈德逊湾

流域的定义

- 流域是由分水线○所包围的河流或湖泊的地面集水区和地下集水区的总和。

- 在大流域内，有很多较小的流域；在那些较小的流域内，甚至还有更小的流域。例如，渥太华河流域和黎塞留河流域是圣劳伦斯河流域的一部分，而圣劳伦斯河流域又是流入大西洋的流域之一。

- 大陆分水岭是在落基山脉的分水岭，它把水分开，向西的部分流入了太平洋，向东的部分流入了大西洋和北冰洋。

五大湖 – 圣劳伦斯河流域

大西洋流域

密西西比河流域

墨西哥湾流域

大陆分水岭

○　流域分水线指相邻流域径流的分界线。分水线通常是分水岭最高点的连线，此线两侧降水分别注入不同的河流。——编者注

1 第一章
什么是流域？

　　地球上的河道，无论是流经偏远的大陆，还是穿越人口众多的城市和乡村，都会反映出其经过的岩石和土壤、植物和野生动物群落、微生物群落以及人类聚居区的状况。例如，黎明时海狸池塘平静的水面，从这个流域的环境状况，我们可以了解其周围生态系统的健康状态。

　　流域是一个将水排入特定水体（如河流、池塘、湖泊或海洋）的区域。流域所涵盖的土地面积可能很小，也可能极大。流域的大小，以及其河流的水流速度和方向都是由陆地形态决定的。像在山脊和山顶这样的高地上，水可以任意流动。每个大流域内都包含着许许多多小流域。例如，一条流入俄亥俄河的小溪有比它自己小的流域，但它也是更大的流域——密西西比河流域的一部分。

　　在主要大陆流域的边缘地带，降雨的具体着陆位置不同，雨水入海的路径也会显著不同。降在萨斯喀彻温省南部大草原上的雨水会流入密西西比河，并向南流向墨西哥湾。然而，如果从南面吹来一阵微风，同样的降雨可能会落在稍微偏北一点的南萨斯喀彻温河流域内，雨水分别向东和向北流向哈德逊湾和北冰洋。

流域边界

河口（流出）

湖

支流

典型的流域

- 无论你身在何处，你都置身于流域中。
- 丘陵和山脉形成了流域之间的分界线，在很大程度上，它们也决定着河流的路径和流速。
- 流域的上游起源被称为源头。
- 当我们沿着山坡顺流而下，会发现小溪和小河汇成了较大的河流。
- 流域包括水（含水生生物）和陆地（含陆生生物）。每个流域都有独一无二的栖息地⊖组合，包括从溪流、河流、湿地和湖泊，到森林及其他栖息地、农场，甚至城市。
- 人类从最早期的定居开始，就在河流和湖泊附近居住。人类和野生动物一样，需要依水而生。

⊖ 栖息地，又称"生境"，指生物出现在环境中的空间范围与环境条件总和。

环境问题的扩大

从个人角度出发，我认为如果我们做了一些对环境有害的事，会很容易说服自己淡化个人行为的重要性，让自己相信这些只是微不足道的独立事件。当人们认为密西西比河整个流域广袤无垠时，一位农民让牛随意进入河流所带来的污染和侵蚀，对流域能造成多大的损害呢？抑或住在五大湖沿岸大城市的居民把用过的涂料稀释剂倒进了洗涤池内，这会有多糟的后果吗？河流似乎没有尽头，湖泊看起来也是如此之大，因此我们会认为个人行为不会对整体环境产生重要的影响。

然而，这种观点是很危险的。在一个地区，个人行为确实会对动植物产生直接的、有害的影响。从整体来看，我们不是独自生活在流域中。数千万人生活在范围很大的北美洲流域内，每个人都会造成污染和生态破坏。这种累积效应是非常惊人的。

如果一个县有数千家农场，一个州或一个省就有数十万家农场。同样的，如果一栋高层公寓可以容纳超过五百人，那么几个城市街区的公寓大楼里可能住着数万人。

无论在过去、现在还是将来，我们和周围人的一切行为都在累积。我们不能忽视个人行为对环境的影响，或者用稀释的方法解决环境污染问题。人口众多，污染严重，我们面临许多问题，然而没有足够的水来帮助解决这些问题。

幸运的是，对环境有益的行为也在不断增多。当人们种植树木、清理河流，以及保护野生动物时，就会对环境保护起到作用。这有助于解决过去产生的环境问题，减少我们对环境的影响，恢复栖息地和维护生态平衡。

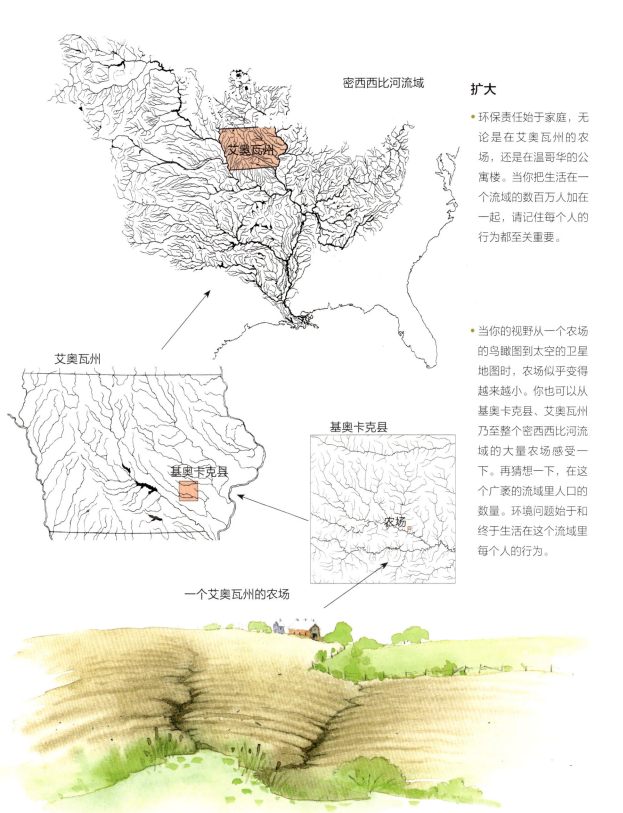

密西西比河流域

艾奥瓦州

艾奥瓦州

基奥卡克县

基奥卡克县

农场

一个艾奥瓦州的农场

扩大

- 环保责任始于家庭，无论是在艾奥瓦州的农场，还是在温哥华的公寓楼。当你把生活在一个流域的数百万人加在一起，请记住每个人的行为都至关重要。

- 当你的视野从一个农场的鸟瞰图到太空的卫星地图时，农场似乎变得越来越小。你也可以从基奥卡克县、艾奥瓦州乃至整个密西西比河流域的大量农场感受一下。再猜想一下，在这个广袤的流域里人口的数量。环境问题始于和终于生活在这个流域里每个人的行为。

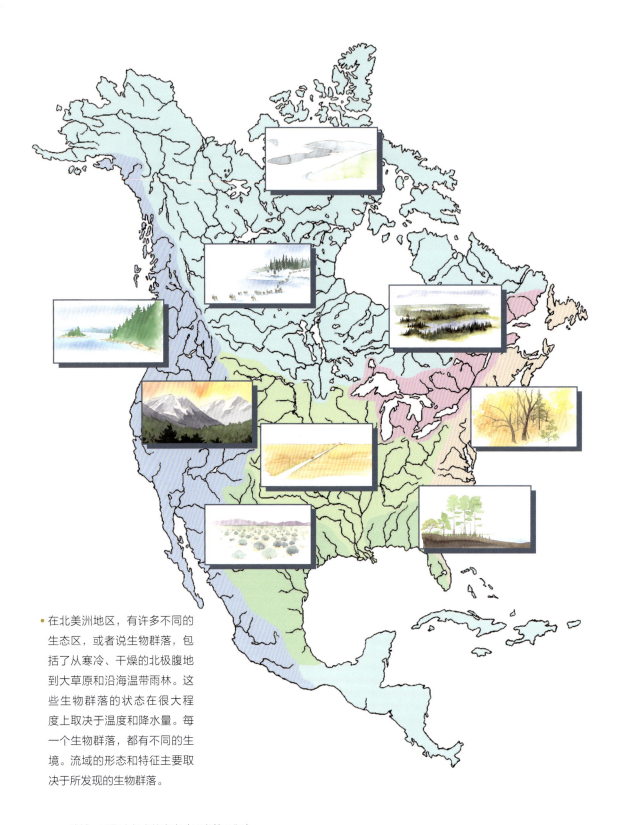

在北美洲地区，有许多不同的生态区，或者说生物群落，包括了从寒冷、干燥的北极腹地到大草原和沿海温带雨林。这些生物群落的状态在很大程度上取决于温度和降水量。每一个生物群落，都有不同的生境。流域的形态和特征主要取决于所发现的生物群落。

北美洲生物区和它们的流域

当你穿越北美洲大陆时，一定会注意到不同地区之间惊人的差异。驱车从东向西行驶时，你会看到森林覆盖的山丘和古老连绵的山脉逐渐变成了平坦开阔的草原。继续向西行驶，你会像乘坐过山车一样，翻过落大陆分水岭，经过西部山脉，从高海拔地区途经森林和河流，最终可抵达太平洋。这些明显的景色变化不断呈现在我们眼前。

温度和降水量是决定不同植物群落分界线的关键因素。植被类型和气候对在特定地区栖息的动物和其他生物有着显著的影响。这些不同的生物地理学区域被称为生物群落、生物区或生态区。

一个流域独有的特征是由许多因素决定的，包括地形、地质、气候、植被和野生动物。同时，这些特征与流域中河流的路径和流速，湿地和湖泊的大小，以及流域内每种生物的存在相关。一些大型流域可能从一个生物区开始，流经遥远的另一个生物区后而结束。

下面是北美洲各地的例子，用来说明几个重要的生物区和流域。这里着重介绍周围陆生植物群落的特点、大规模的地理特征和河型。

东部落叶林和混交林生物区

从佛罗里达州到五大湖，以及由大西洋至大草原这一范围内的北美洲东部地区，是以落叶林或落叶林与针叶林的混交林为主。在南部地区，有松树林。在整个阿巴拉契亚、新英格兰以及加拿大中部和东部地区，占主导地位的植物是枫树、山毛榉、桦树和橡树这样的落叶林。在高海拔和北部地区，针叶林和落叶林共存，形成了温带混交林。

这片肥沃且降雨量适中的土地，可供养大树、灌木和小型植物，以及各种各样的野生动物。包括五大湖－圣劳伦斯河水系和密西西

比河以东的大片流域，连同广阔而古老的阿巴拉契亚山脉，都有助于确保这片地区排水良好。虽然许多人口稠密的区域被清理出来用于集约农业和城市化建设，但该地区的大部分区域还保持着树木繁茂的状态。

这里的东部地区是欧洲定居者最早在北美洲殖民的地区。对于定居者来说，砍伐森林后用于耕地是一个巨大的挑战。硬木和松树曾经是农业的障碍，但现在则是极其宝贵的资源。这些城市、工业、农场和林业等人口稠密的地区都已是东部地区人文景观的一部分。

当土地被开垦以后，这一地区的许多大型野生动物就消失了。狼和熊等物种现在只能在荒野地区见到，一些森林鸟类也已经很少见了。在更野生的地区，健壮的白尾鹿、土狼和野生动物的数量比森林被砍伐之前更多了。随着部分地区森林的恢复，一些物种正在重新出现，而其他物种由于气候变暖正在向北扩散。

北方森林和苔原生物区

在北美大陆的北部和山区，气候寒冷，降水量少，森林火灾偶有发生，且地形崎岖起伏。与其他北美洲栖息地相比，此处的森林（或针叶林）相对年轻，这里是冰川最后消退的区域之一。这里也是地球上最大的陆生群落，遍及亚洲北部、欧洲和北美洲。再往南，只有在海拔更高处才能有所发现。这里占主导地位的植物是针叶树，如黑白云杉、香脂冷杉、落叶松和短叶松，还有一些耐寒的落叶树种，如杨树和桦树。

森林以北是北极苔原。这里有植被，但它紧贴着地面生长，以避免强风的干燥影响。有许多森林中常见的植物物种也会生长在森林边界线上，不过它们经常发育不良。永久冻土是在苔原地区下方，表层土壤在夏季通常是潮湿的。北极的其他一些地区非常寒冷、干燥和多风，也很少有土壤。几乎很少有植物能够在如此恶劣的条件下生存。这些地区有时被称为极地或冰冻荒漠，而不是苔原。

北美洲北部大部分地区相对平坦，土壤呈酸性或缺少土壤，也可能两者兼而有之。在哈德逊湾周围和崎岖的前寒武纪（或加拿大）地盾间的低洼地区排水不佳。在一年或大部分的时间里，大部分可利用的水都是不流动的，是沼泽状的，甚至是冰冻的。尽管如此，北方的河流还是会随着春季和夏季的冰雪融化而涌动，许多河流会将大陆大片水域的水排入大海。

- 北方森林和苔原地区的人口相对稀少。零散的聚居区往往与自然资源密切相关，例如木材和矿产品，以及捕鱼和狩猎。

- 森林工业严重依赖北方的树木生产纸浆和纸制品。

- 北方森林是许多大型哺乳动物的家园，包括驼鹿，狼和海狸。这一地区为许多候鸟提供了筑巢栖息地。

草原生物区

穿过北美洲中部，沿着落基山脉和海岸山脉下的边缘向西延伸，是广阔的草场或北美草原。这里的降雨量适合草和其他低矮草本植物的生长，但不足以满足大树的生长需要。周期性的火灾和干旱也有助于维持草原生态系统。

- 在草原的溪流和河谷中，生物丰富。在这些溪谷里，甚至有足够的水可以供大树生长。

- 当地的野生动物，如野牛和叉角羚，在草地上食草；还有一些野生动物，如草原犬，在地下挖洞。

- 一个多世纪前，狩猎使野牛的数量从几千万头锐减到几百头。尽管此后野牛的数量显著增加了，但也仅限于公园和保护区内。这些大型的、自由漫步的哺乳动物会损坏围栏，破坏庄稼和牧场。

草原平坦或微有起伏。河流冲刷出了溪谷（或洼地），在那里可以找到不同的植物物种，包括大树。这些避难所为野生动物提供了必要的水、食物和庇护所，并为这一地区增加了些许多样性和丰富性。在世界各地的草原上，食草和穴居动物占主导地位。虽然这些动物主要以植被为食，但草原植物能承受这种压力，并能够在这种压力下生存。

为北美草原排水的河流数目相对较少。然而，这些河流的排水流域面积非常大。从加拿大大草原来的大部分径流流入了萨斯喀彻温河，它们最终汇入纳尔逊河，沿途穿过北方森林和苔原地区，最后到达哈德逊湾。美国大草原的径流向南流经密西西比河汇入墨西哥湾。更西边的草原径流将流入科罗拉多河、斯内克河和哥伦比亚河，最终汇入太平洋。

• 几乎所有的大草原都有人类定居并用于集约农业。大片的农作物养活着居民，但给原生植物和野生动物留下的空间却很小，因此目前只残余少量的原生草原和自然栖息地。东部平原的高草草原正受到严重威胁。

西海岸雨林生物区

许多人虽然熟悉热带雨林，但对加拿大和美国也有热带雨林仍感到很惊讶。来自太平洋潮湿的风到达海岸，遇到海岸山脉后被推向高空，高空的低温使其快速冷却而产生强降雨，尤其是在冬季。在夏季，频繁的雾气会给沿海森林带来更多的水分。

从阿拉斯加和不列颠哥伦比亚省到加利福尼亚北部，这些温带雨林的显著特点是年降水量高达 160~240 英寸（1 英寸 =0.0254 米）。该地区植物种类繁多，但以针叶树为主，包括冷杉、雪松、云杉，而南部是巨型红杉。死亡的动植物有机物分解后，会被生长的植物迅速吸收。因此，土壤的养分往往相对较低。

由于西海岸地区的自然特征是山多，因此许多流域的显著特点是小溪及河流的水体洁净，流速快，直接汇入太平洋。最大的河流只有在到达海岸附近较为平坦的地带时，水的流速才会慢下来。不列颠哥伦比亚省和阿拉斯加南部的一些河流汇入又长又深的峡湾，这些峡湾点缀着海岸线。

- 北美西海岸的热带雨林拥有丰富的生物多样性，这是动植物的巨大宝藏。许多物种已经适应了森林或海洋沿岸的生活。
- 北美西海岸多雨，但气候非常温和。现在，数以千万计的人将太平洋地区称为家园——大多数人定居在河口附近或海洋沿岸。
- 林业、农业、渔业和工业是该地区的主要经济支撑。
- 由于气候温暖、雨量充足，该地区的树木长得又快速又高大。加州红杉的高度可以超过 325 英尺（99.06 米）。

干燥的山地针叶林

生长在北美洲山区的森林，其主要树木类型和整体生态方面之所以不同，在很大程度上取决于海拔高度、降水量和它们所在的大陆位置。太平洋沿海山脉的西侧可以接收到源于潮湿的海洋风带来的大量降雨，使得这些地区以温带雨林为主。相比之下，同在这些沿海山脉的雨影区域，以及许多内陆山脉的斜坡地带，通常要干燥得多，因此这些地区大多以干燥的山地针叶林为主。这些森林分布在落基山脉的部分地区，以及海岸、喀斯喀特山脉和内华达山脉的雨影区。

- 干燥的山地针叶林主要在北美洲大陆内部地区和沿海山脉的雨影区。
- 在北美洲低海拔地区和大陆的某些地带，干燥的山地针叶林会转变为植被稀疏的相对平坦且更干旱的区域，如草原、灌木丛甚至沙漠。

这个生物区中常见的树种包括黄松、樟子松、道格拉斯冷杉、云杉、落叶松和一些落叶树种，如白杨。精确的物种组成随海拔、纬度、降水量和坡面朝向而变化。这一地区的森林通常比北美洲其他地区的森林更野化。尽管森林火灾和虫害是干旱山地针叶树地区改变的自然因素，但在一些地区气候变化带来的影响已经越来越严重。

由于陡峭的山坡和多山的地形，小溪和河流通常流速很快，且水温较低，特别是在高海拔和高纬度地区。这些森林分布在大陆分水岭两侧，因此一些河流最终向西流入太平洋，而另一些河流则流经北极、密西西比河或墨西哥湾的其他流域。

- 沙漠的显著特征是极度干燥。在这种条件下，能够生存下来的动植物种类相对较少。
- 北美洲中部和南部的沙漠，在夏季非常炎热，但在夜间和冬季非常寒冷。
- 由于降雨通常很短暂，植物生长和开花非常快。随着植物的爆发式生长，野生动物也突然出现了。

沙漠生物区

沙漠气候极端，昼夜温差很大，温度随季节变化也很大。此外，沙漠总是极度缺乏水。通常，降雨不是稀少就是雨量有限，而有时也会短促而量大。结果是，大部分降水没有时间被土壤吸收，而是通过短暂而湍急的小溪和河流流走或蒸发。北美洲中部和南部的沙漠气候炎热，通常位于较干燥的山脉背风面。在北极的某些地区气候非常干燥，以至于这些地区也被认为是沙漠，尽管这里是寒冷冰冻的极地。

风、雨和偶尔汹涌的水流都会造成快速侵蚀。在一些沙漠地区，水可以汇集到峡谷和湖泊中。有时，降雨会迅速蒸发，留下咸水湖泊和沉积物。植物和野生动物的种类变化取决于水量、温度和可获得的营养物。不管什么物种，必须有能力找到水源，或者能够熬到下雨。水可以使动植物苗壮成长，这些绿洲为动植物提供了重要的栖息地。

- 在遥远的北方，北极的冬天寒冷，夏天短暂且气温略高于冰点。在北极高地的许多地区，水资源极度缺乏。这些地区有时被称为极地沙漠。
- 在北极高地以及中部和南部的沙漠，植物和野生动物通常靠近水源地。这些有水的地方对生命至关重要。

2 第二章
流域如何运行：
水和营养物循环

所有生物的生存都依赖于水和营养物在生态系统中的持续循环。今天在你身体细胞中发现的化学元素，可能昨天还在苹果或橙子的细胞中。明天，这些元素可能仍然是你身体的一部分，用于生长或组织修复。或者，它们在污水塘或湖泊中作为植物的营养物可能已被再循环利用。相同的营养物被一次又一次地使用，无穷无尽。这可能看起来很疯狂，但在某种程度上，我们都是再生的恐龙！

植物和动物的生存依靠大量的化学营养物。碳、氧、氢和氮是生物体中最丰富的元素，约占所有组织的96%。氧气也是大多数生物体代谢过程所需要的燃料。磷、硫、钙和钾占剩余4%的大部分，尽管还需要许多其他微量元素。

由于太阳提供了能量的输入，才使化学营养物持续再利用成为可能。太阳能是植物光合作用必需的，它还能使水分蒸发，这对水循环至关重要。营养物是重复使用的，但是需要持续不断地输入太阳能，因此常见的生态表述是"营养物循环和能量流动"。

随着水在地球上持续循环，许多营养物和污染物被冲入水道并随之流走。特别重要的是，这种水循环方式有助于驱动其他营养物和污染物的循环。许多环境问题都与人类干扰了这些循环有关，因此，我们先看一看这些循环是如何运作的。

- 地球上的营养物一再被重复利用。
- 来自太阳的能量给水和其他化学营养物的循环利用提供燃料。
- 营养物循环和能量流动。

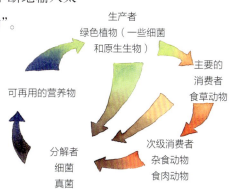

生产者
绿色植物（一些细菌和原生生物）

主要的
消费者
食草动物

可再用的营养物

分解者
细菌
真菌

次级消费者
杂食动物
食肉动物

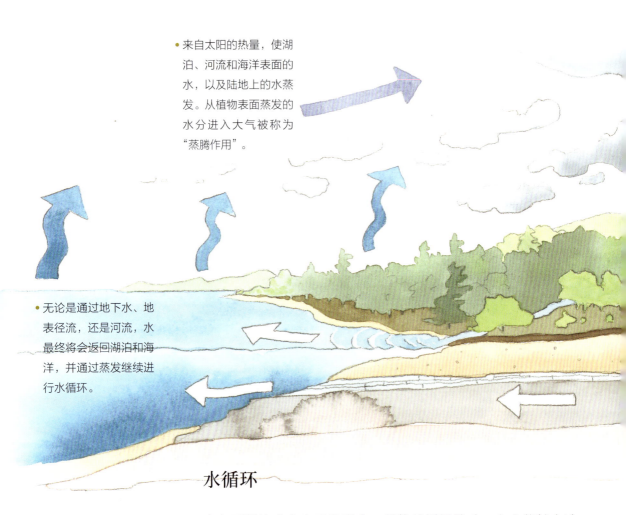

• 来自太阳的热量，使湖泊、河流和海洋表面的水，以及陆地上的水蒸发。从植物表面蒸发的水分进入大气被称为"蒸腾作用"。

• 无论是通过地下水、地表径流，还是河流，水最终将会返回湖泊和海洋，并通过蒸发继续进行水循环。

水循环

　　水在不断地改变自己的形态，即使是缓慢移动，它也能够在冰川中或永冻层中凝固数千年。作为液体或气体，水移动的速度要快很多，随着河流和洋流一起流动，或者作为蒸汽随着气流移动。好像变魔术一样，水在不断变化：从固体到液体，再到气体，循环往复。驱动水改变其形态的力量是来自太阳的能量。

　　来自太阳的热量可以使水蒸发。当气温变得足够冷时，水蒸气最终会冷凝并落回地面。由于重力的作用，水越过陆地，穿过地面，

• 大气中的气团接收水分，可从一个地区移动到另一个地区，最后在冷却时形成降水。根据温度的不同，这些降水可能是雨、雪或冰雹。

• 山脉和大的丘陵迫使云团向上进入较冷的大气层，进而产生极端潮湿的区域，例如北美洲太平洋沿岸。在山脉的另一边，在雨影区中的沿海地区，环境则往往比较干燥。

• 雨水会马上被植物和动物利用；一些雨水会快速地流过地表进入溪流和湖泊。

• 水渗入土壤，维持着丰富的生物多样性。这种渗入也补充了地下水和溪流。这些地下水，有时被称为地下蓄水层，是水井的重要水源。

或者作为河流和小溪的一部分从山坡流下。其中一部分很快蒸发回到大气中，而大部分水被植物和动物利用。水还长期储存在大的湖泊和海洋中。

　　一个水分子（H_2O）有两个氢原子和一个氧原子，它给植物和动物提供的远不止是食物和生命。它帮助溶解和运输其他必需的化学营养物，如碳、氮和磷。因此，它不仅在营养物循环中起着极其重要的作用，而且在所有生物的分布和丰富度中也起着极其重要的作用。了解水循环的复杂性是理解各种生态和环境问题的基础，特别是流域问题。

井

地下蓄水层和地下水

当雨水经过土壤从地表缓慢流下（或渗透）时，地下水蓄水层就形成并补充满了。这个过滤过程有助于水净化。如果土壤是多沙和轻质的，大量水将进入地下。当土壤被严重压实或有大量黏土时，浸入地下的水会很少。水一直向下进入土壤，直到遇到坚硬的或不透水的岩石或黏土层。地下蓄水层是指在不透水层之上饱和了水的土壤区域。

"地下水位"这一术语通常用于描述能够找到地下水的深度，但它实际上指的是地下蓄水层的最高极限。在一些地区，地表以下的地下水位的深度可能会逐年变化，或者随季节发生变化。在半透水岩石层之下也能找到更深的地下蓄水层。地下蓄水层的大小和地下

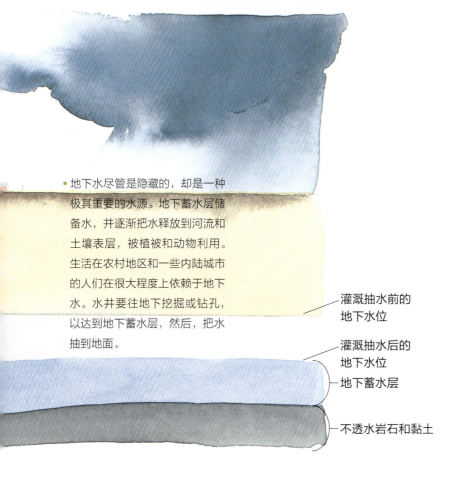

地下水尽管是隐藏的，却是一种极其重要的水源。地下蓄水层储备水，并逐渐把水释放到河流和土壤表层，被植被和动物利用。生活在农村地区和一些内陆城市的人们在很大程度上依赖于地下水。水井要往地下挖掘或钻孔，以达到地下蓄水层，然后，把水抽到地面。

灌溉抽水前的地下水位

灌溉抽水后的地下水位

地下蓄水层

不透水岩石和黏土

- 来自降雨和融雪的水，慢慢渗入土壤补充地下水。
- 地下水的储存处被称为地下蓄水层，或者简称为地下水。
- 不透水的岩石层或黏土层阻止了水向下流动，形成地下蓄水层的底部。
- 水井到达地下蓄水层后，向农场和农村地区供水，也向距大湖和大河很远的城镇和城市供水。
- 土壤表面与地下蓄水层顶部之间的距离表示地下水位的深度。如果水被抽走的速度快于补充的速度，那么地下水位就会下降，地下蓄水层中的总水量就会减少。

水的运动部分依赖于岩石层和黏土层的性质，以及部分依赖于该地区的降水量。当流经土壤的水被不透水层压到地表时，就形成了天然泉水。

有些地下蓄水层很小，而有些则很大。奥加拉蓄水层是世界上最大的地下蓄水层之一，它在美国西部八个州的地下，从北部的南达科他州和怀俄明州到南部的新墨西哥州和得克萨斯州。这个巨大的储水量是在史前时期形成的，现在正在被城市和工业使用，以及用于集约农业。目前取水的速度远超自然补水的速度，这个水资源正在被耗尽。

- 大气中的碳是以气态二氧化碳（CO_2）的形式存在的。
- 光合作用时，植物从大气中吸收二氧化碳，把它转化成糖类和其他储存食物能量的形式，并释放副产物氧气。植物，连同藻类和一些细菌一起，被称为"生产者"，它们提供储备的食物能量，能够被"消费者"利用，它们是所有食物链的基础。
- 通过死亡、腐烂和废弃物，如粪便，能使土壤肥沃。碳和其他营养物被循环利用。一些营养物也被冲入河流、湖泊和其他水体中。
- 化石燃料燃烧会把大量的二氧化碳释放到大气中，导致温室气体排放和气候变化。

碳循环

碳是构成生物的基石。在生命化学中，碳是所有复杂分子的骨干，这些复杂分子使我们的身体成为一个整体。

通过光合作用，植物能把大气中的二氧化碳气体转化成含碳的糖类和其他固态物质。这些物质反过来又为动物、真菌和无数的微生物提供了食物和能量。因此我们非常感谢植物开启了这个过程。当动物进行日常活动时，二氧化碳会作为一种代谢废物产生，并通过呼吸和细胞呼吸释放回到大气中。植物也会消耗自身产生的糖类，并产生一些二氧化碳释放回空气中。当植物燃烧时，它们储存的大量碳就会被释放到大气中。

死亡的动物、落叶，以及不怎么招人喜欢的副产品都含有碳。这为陆地和水中的生物提供了营养丰富的自助餐。这些食物的大部分最终将被冲进小溪、河流、湖泊，最后进入大海。在这个过程中，分解持续进行，碳也再一次改变形态。尽管碳能在水和空气之间来回移动，但是海洋往往可以保存被捕获的碳原子数百万年。

碳循环的微观视角

• 植物从空气、水和土壤中摄取碳和其他需要的营养物，并把这些变成动物的食物！

• 当一个生物吃了另一个生物的时候，那些营养物会沿着食物链向上传递。食草动物以植物为食，食肉动物以动物为食，杂食动物两者都吃。

• 分解者，如细菌、真菌、甲虫和蠕虫，是营养物循环中的无名英雄。这些生物分解落叶、死亡的树木、动物和粪便等，为新生命提供营养。没有它们，没有东西会腐烂，营养物就不会被循环利用。

• 大部分的分解过程发生在土壤层，植物的根会很快再利用可获得的营养物，如碳。

氮循环

所有营养物的循环在很多方面都十分类似。这些化学元素处于永无止境的循环中——有时是生物的一部分，有时是自在的分子，或在空中飘荡或于水中摇摆。

虽然我们可能觉察不到它，但氮总在我们面前。我们呼吸的空气里大约78%是氮气。生物需要大量的氮，尤其是把蛋白质拼接在一起的时候。遗憾的是，植物和动物不能直接利用空气中丰富的氮气，因为它被锁定在一种无法使用的形式中。为了开启氮循环，动物需要吃植物。

毫无疑问，氮循环的主角是微生物。土壤中的细菌和水生环境中的蓝藻（或蓝细菌）能把大气中的氮转化成植物可以吸收的形式，这一过程被称为固氮。一些植物，如豆科植物，在其根瘤中有活菌群，这群细菌能把大气中的氮固化成一种可被植物利用的形式。微生物在帮助土壤补充氮的方面有极其重要的作用。

在这个生态过程启动之后，氮循环就开始了。氮连同碳和其他营养物沿着食物链向上传递，之后，仅通过排泄、死亡和分解等非常方便的生态形式，氮就可以返回土壤和水生环境中，这些营养物将再次被植物和动物重复利用。

• 空气由大约 78%
氮气、21% 氧气、
0.03% 二氧化碳
和少量其他气体
及污染物组成。

• 闪电和辐射也能把大
气中的氮转化成氨和
硝酸盐，但远不及细
菌的作用重要。

• 生物需要氮来制
造蛋白质和其他
生物物质。可是，
大多数植物和动
物不能够利用空
气中丰富的氮气。

• 消费者在进食时会获得
氮——先是食草动物，然
后是食肉动物。尿液、粪
便以及植物和动物组织的
分解会将氮以一种能够被
植物快速重复利用的形式
返回到生态系统中。

• 土壤中大量的氮被冲进
河流、湖泊和海洋。其
中有一些来自自然界，
还有一些是来自过量使
用的化肥、牲畜和城市
的污染物。

• 土壤和水中的固氮细菌
能把氮气转化成植物能
利用的硝酸盐和氨。一
些植物，例如三叶草，
有这些细菌的群落，这
些细菌生活在其根部的
圆形结节中。

硫循环

当硫在环境中循环时，它在固体和气体之间交替变化，这种方式类似于氮循环。地球上大部分的硫是以一种有形的物质形式快速固定的，作为生物或非生物体的一部分。岩石的自然风化会把一些硫矿物质直接释放到土壤和水中。火山喷发、分解过程、化石燃料的燃烧和金属加工均会把硫释放到大气中，而且它们都有一股臭鸡蛋的味道。

有机废物和死亡生物体的分解提供了这种基本元素的重要来源。大气中的硫，不管是自然产生的还是污染产生的，最终都要返回地球表面。植物需要通过它们的根获取少量的硫，动物则通过它们所吃的食物获取它们所需的硫。

酸性降水，通常称为"酸雨"。由于污染，当大气中存在过量的硫和氮时就会发生酸雨。这个严重的环境问题能够危害动植物的生命。在一些地方，某些类型的岩石风化会释放出大量的这些污染物，这也是有极大破坏性的。

• 火山活动时以二氧化硫和硫化氢的形式将硫释放到大气中。

• 煤和其他化石燃料燃烧也会产生二氧化硫，它与大气中的水分结合形成酸雨。工业、电气设施和机动车辆是造成酸雨的主要原因。

• 分解释放出硫和其他营养物，可重新用于动植物生活。与氮一样，硫对蛋白质的形成也非常重要。

• 在分解过程中，细菌产生硫化氢和硫酸盐。这个过程在沼泽、池塘、湖泊、海洋以及土壤中自然发生。硫化氢具有特有的臭鸡蛋气味，是沼气中的一种成分。

磷循环

磷是另一种对生物至关重要的营养物。与氮不同，大气中没有磷，磷在大多数自然生态系统中也相当稀少。幸运的是，一点点磷就可以帮助构造蛋白质和细胞膜，并为个体细胞提供能量。

磷从岩石和矿物中溶解出来，可供植物生长。接着，它被传递给食草动物，然后是食肉动物的消费者，最后通过分解过程被真菌和细菌送回到土壤。在大多数情况下，所有磷循环都发生在相当局部的范围内，几乎没有长距离的移动。然而，一些磷确实会进入水道并饲养水生植物；它也可以沉降到水体底部，成为新岩石的一部分。

• 海鸟粪便中的鸟粪富含磷。在一些沿海地区，它已被作为天然肥料资源利用。

• 过多的营养物，特别是磷，会导致藻类极速生长和繁殖。在许多地方，水道已被大量繁殖的藻类堵塞，最终降低了水中氧气的含量，减少了水生生物的数量。

• 大多数家庭和农业用的植物肥料中都含有氮、磷和钾。雨水和春季径流经常把农场中的肥料冲入溪流和湖泊。

• 磷是植物生长和生存必需的营养物，但只需要极少的量。

• 在未受人类活动干扰的生态系统中，磷会供不应求而限制植物的生长。

• 磷存在于岩石、土壤、水和生物中，但不存在于大气中。

3 第三章
从源头到出口：流域的水生部分

支流

大坝和水库

　　一滴雨水从落地那一刻起，就开始了一场漫长而充满挑战的旅程。它可能会以地表径流的形式流淌，进入一段小溪，然后汇入一条河流，最终流入湖泊或大海。它也可能作为地下水流动，或许直接落进湖中。在某一时刻，它也可能会穿过不同类型的湿地。

　　这滴雨水顺流而下的旅程可能非常短，也可能非常漫长。这主要取决于地势或水系的类型。在某些地区，一个微流域的尺度可能仅有数百米，水会从山坡直接流入大海。与此形成鲜明对比的是，更长的旅程可能始于加拿大阿尔伯塔省和萨斯喀彻温省树木繁茂的柏树山，或从落基山脉奔腾而下，其最终的目的地可能是几千公里之外的墨西哥湾。毫无疑问，这是一个漫长而充满挑战的旅程：这是一场途经加拿大的两个省并穿越美国十余个州的观光旅行。

　　除了长度和位置，流域有许多共同的主题和特征。它们都是从源头向下游流动，通常汇入海洋。从最初的源头到下游的终点，水会经过无数的路径。快速流动的小溪和河流的生态与相对稳定、流动缓慢的湖泊系统的

湖泊

人工池塘

排水渠

河流

河口

生态是截然不同的。神秘幽静的泥炭沼泽和莎草沼泽也是流域的重要组成部分，吸引着各种野生动物和人类。在这个系统的下游末端，即河流的入海口处，潮汐加上丰富的水和营养物质，造就了这场流域之旅中最具活力的河口生态。

就像智力拼图一样，流域的每一部分都是独特和必不可少的。如果其中一块丧失或遭到损坏，整个流域就会陷入危险的境地。因此，我们必须认识到，我们不仅要保护个别的地区和物种，还要保护完整的生态系统。对于流域来说，这一点尤为重要，也就是说，上游发生变化产生的影响会在下游被放大，而且会变得越来越复杂。

湿地

对大多数的人来说，湿地是一个阴暗的世界，是水蛭、蚊子等生物的家园，是由喧闹的小溪、热闹的池塘组成的充满活力的水生系统中不雅观的底层。但事实上，湿地是流域生态系统中的重要组成部分，它在维护整个流域环境健康方面发挥着至关重要的生态作用。

湿地有许多不同类型，但它们有一个共同的特点，即在一年的全部或至少大部分的时间里都充满着水，这通常是因为它们所在的地形相对平坦。湿地的植被和土壤可以充当巨大的海绵，吸收暴雨和雪融化成的水，然后再逐渐释放，为溪流和地下水提供稳定的淡水。这意味着它们不仅可以为动植物提供更可靠的水源，还可以大大减少下游发生洪水的可能性。河流会相对快速地将水带走，而湿地则会把水长期留在此地。

湿地植物起着天然过滤器的作用。沼泽植物能特别有效地吸收大量多余的氮和磷，减少下游的水污染。它们还可以吸收重金属和其他污染物，有助于进一步净化水。

最重要的是，草本沼泽、木本沼泽和泥炭沼泽都为众多种类的植物和野生动物提供了重要的栖息地。例如，小型、湿软的草本沼泽"坑洞"点缀着北美草原，是北美大陆上最重要的鸭子筑巢区。杂草丛生的湖泊和池塘边缘湿地为鱼类及其猎物提供了保护和产卵的场所。空心的沼泽树为飞鼯鼠和燕子提供了安全的家园。而罕见的兰花正在泥炭沼泽的隐秘处绽放。

- 湿地是水生系统的重要组成部分，在维持整个流域环境健康方面发挥着至关重要的生态作用。
- 湿地可位于河流、小溪、湖泊和入海口的边缘，也可位于其他的土地低洼地带。

草本沼泽

草本沼泽是浅水湿地（水深小于 1 米），通常全年保持湿润，但不是死水。它们常见于河流、湖泊、池塘和大海的边缘，以及其他的低洼地区。一些草本沼泽中是淡水，还有一些则是咸水。

草本沼泽中生长着丰富多样的挺水植物，包括香蒲、芦苇、慈姑，以及一些草本植物，如灯芯草和莎草等。这些植物的根和下部的茎在肥沃湿润的土壤中，而上部的枝叶在空气中。沼泽植物从下面获取充足的水分和营养，从上面的空气中获得阳光和二氧化碳——所有这些都是进行光合作用的原料。沼泽是世界上生态生产力最强的区域之一，光合作用的速率非常快，使得植物生长快，且数量多。

草本沼泽中各种生物种类繁多，使得其中的食物网具有非常丰富的生物多样性。绿棕相间、色彩丰富且结构复杂的浅滩，为各类大小生物提供了食物和藏身之地。草本沼泽是一个天然的育婴室，鱼类、鸭子、青蛙和昆虫等都来到这里养育它们的后代，而捕食性动物则会紧随其后。

泥炭沼泽

泥炭沼泽存在于排水不畅的淡水地区，在北美洲北方森林地区尤为常见。

它们积满了浑浊褐色的酸性水，这些水几乎不含溶解氧。死去

的动植物不能完全分解，因此，可用于新植物生长的原始养分很少。

泥炭藓、黑云杉和美洲落叶松可以忍受这种恶劣的泥炭沼泽环境，是其中主要的植物物种。通常，它们像漂浮的植被地毯一样沿着水边生长。偶尔，它们甚至会在一片大泥炭沼泽的中央形成漂浮的"岛屿"。

泥炭沼泽中部分腐烂的苔藓和植物被称为泥炭。这种泥炭经常被"开采"出来，在商店里出售，它们可以用于花园的土壤养护，也可以作为天然肥料。当泥炭接触到氧气、水和土壤中的分解微生物后，会迅速分解。

一些植物，如毛毡苔和捕蝇草，是肉食性的。这些植物通过捕捉昆虫来补充它们的食物。死去的昆虫提供了额外的营养，尤其是氮，这有助于植物的生存。

几个世纪以来，泥炭沼泽逐渐变得更加干燥，里面充满了泥炭。这使得其中可以生长不同的植物物种和更大的树木。

低位沼泽

低位沼泽是另一种含泥炭的湿地，其中的植物主要有禾本科植物、莎草和一些苔藓（而非泥炭藓），类似于被淹没的干草地。与泥炭沼泽不同的是，至少有少量的淡水在低位沼泽中缓慢流动。

低位沼泽的底部通常是石灰岩，因此低位沼泽的水通常是碱性的，而非酸性，营养物质可能比泥炭沼泽丰富一些。但是，这里的溶氧水平很低，细菌又少，这意味着分解只能缓慢进行。

低位沼泽是饱和状态的，里面储存了大量的水。因此，它是过滤和储存水的重要地区，并有助于降低洪水灾害风险。通常从低位沼泽的表面到底部的基岩间都有植物和有机物，而泥炭沼泽的植被通常漂浮在水的表面。

木本沼泽

木本沼泽是一种拥有开阔水面的湿地。木本沼泽中长有乔木和大型灌木，但许多物种则无法忍受这种潮湿的环境。在北美大陆北部的木本沼泽中生长着银枫、红枫、雪松、赤杨和柳树。在南部的木本沼泽中可以看到落羽杉、水栎等物种。大多数木本沼泽都是淡

落羽杉沼泽

银枫沼泽

水沼泽，但佛罗里达州的红树林沼泽在涨潮时会被咸海水淹没。

　　木本沼泽以恐怖和神秘而著称。在一片基本是沉没于沼泽中的森林里划船，确实有一种诡秘的感觉——因为这里到处都是活着的或枯死的树木，而且伴随着很多奇怪的声音。

　　在木本沼泽中的陆生生物必须能在树间活动。有些动物会游泳，比如蛇，而许多其他动物则会飞。有一种叫作鼯鼠的哺乳动物，它的前后四肢之间有类似翅膀的翼膜，可以在树间滑翔。许多捕食者会避开水，这使得木本沼泽成了小型动物比较安全的栖息地。

　　当木本沼泽中的树木死亡后，它们就变成许多小型动物重要的栖息地。啄木鸟以树木里的昆虫为食，并在树干上啄洞筑巢。随后，燕子、鼯鼠以及某些鸭子就会利用这些啄出的树洞来养育它们的幼崽。大蓝鹭会在更高的树上筑巢，隐秘而安全。

小溪和河流的流水

　　小溪和河流中都是不断流动的水，它们都有自己可以讲述的故事。无论是独舟探险，还是在潺潺流水中涉水而上，任何人都忍不住想知道不同的支流下一个转弯处或上游是什么。从古至今，这些自然走廊一直是人类主要的旅行和贸易路线。

　　溪流经过浅滩时潺潺流淌，穿过急流时泡沫飞溅，越过瀑布时飞流直下。在这个过程中，空气中的氧气溶入水中。无论是溪流还是下游的池塘和湖泊，这种氧气交换为许多水生生物提供了生命的保障，而这些水生生物为陆地野生动物提供了晚餐。一些动物，如鳟鱼和鲑鱼，需要在干净、凉爽的溪流中生存和繁殖，它们需要溶氧量高的水。虽然一些野生动物适应在缺氧的水中生存，但大多数野生动物还是需要中等到高等浓度的溶氧量。

　　江河与溪流都有一个共同的特征，就是都有流水，但它们的各

靠近河岸和岩石的
水流较慢

阴凉的水

自特征差别很大，这取决于流域的大小和每条河道的位置。它们在流速、水温、透明度以及堤岸和河底的性质上都有很大的差异。所有这些因素都会影响其中的野生动物种类，并决定哪些适应性是生存所必需的。

小溪流从山坡上奔流而下，往往干净清澈。像密西西比河、萨斯喀彻温河或哈德逊河这样的大河，在到达下游较平坦的地方时流速就会变得比较缓慢。它们裹挟着河岸的泥沙和侵蚀来的泥沙，而这些泥沙让它们变得愈加浑浊。

在湍急的流水中发现的生物都有特殊的适应能力，这有助于它们在水流中生存。大多数河鱼都是流线型的，游泳能力超强。

较小的生物，尤其是水生昆虫和无脊椎动物，生活在河流的底部和边缘地带的岩石间，那里水流非常缓慢——即使在非常大、非常湍急的河流中也是如此。这些生物通常生有扁平的身体，可以降低被冲走的风险。而其他生物会钻入河流底部的沉积物中，并在那里生活。

流速快的水道通常富含氧气，对于许多鱼类和其他水生动物来说这是必不可少的生存条件。当水流在岩石险滩中激荡或在瀑布中翻滚时，氧气就会溶解到水中。

冷水比温水能"容纳"更多的氧气。悬垂在溪流上的树木可以冷却溪水，能够帮助水保持较高的含氧量——这让鳟鱼、鲑鱼和其他喜欢氧气的动物很开心。

急流

水潭

- 河流和小溪的急流段和缓流段轮换交替。急流通常较浅，流速快，底部是岩石或砾石。而水潭较深，水流速较慢，一般是泥底或沙底。

- 垂钓者知道许多鱼类洄游时会在水潭中休息和进食。划独木舟、皮划艇的人，以及漂流者，都知道经过一个大湍流（巨大的急流）后，在前方总会有一个较平静的水潭供他们放松一下。

池塘和湖泊的静水

湖泊吸引着我们到湖边去游泳、划船和露营。休闲之余，我们对湖泊到底了解多少呢？当然，我们可以拿着钓鱼竿研究生物学，或者密切关注潜鸟和苍鹭，但是在其表象之下到底发生着什么事情呢？

从根本上说，湖泊和池塘是地面上的大坑，里面盛满了当地流域补给的水。当然，事情远比这有趣且复杂得多。浅水区的生物与深水区的大不相同。一些鱼类和野生动物可以在湖底到湖面的任何水层里自由游动，而另一些物种则喜欢在岩石或植物上攀爬。

池塘生态

- 在池塘和湖泊的边缘可以看到许多生长在草本沼泽中的植物，如莎草、灯芯草和香蒲。

- 体型较大的食肉昆虫在浅滩上游荡着寻找食物。与此同时，它们也必须尽量避免成为食物链上端动物的盘中餐，因为在这里从不缺少捕食者。而且捕食者可能来自天空、水面和岸边。

每个单独的水体都有其独有的特点。一些湖泊被肥沃的土地环绕着，有很多营养物质和生物，这些是"富营养化"湖泊。还有些湖泊是"贫营养化"湖泊，它们含有的营养物质较少，水位更深，温度更低，通常位于北美洲更北部的地区或山区。富营养化湖泊通常比贫营养化湖泊更浑浊，因为超量的营养物质会促进更多藻类等浮游植物的生长。

湖泊和池塘的区别在于深度而不是大小。在池塘里，阳光可以一直照射到水底，而在湖泊里，光线却照射不到湖底。因此，池塘的面积有可能大于湖泊的面积。光线能穿透水的实际深度取决于水的透明度或水中悬浮物的数量。湖底缺乏阳光意味着植物不能在那里生长。这反过来又影响了食草动物和食肉动物的分布。

河流和小溪翻滚着流下山坡时，会从空气中吸收氧气。在湖泊和池塘中，只有表层的水可以在波浪的帮助下直接从空气中吸收氧气。阳光充足且浅处的水也可以从大型和微型植物中获得氧气。这对池塘和湖泊水面附近的生物来说很好，但对浑浊的深水区来说就不行了。

在类似池塘的浅水湿地中，生物的丰富性和多样性令人震惊。在一个阳光明媚的日子里，如果你静静地在池塘边坐上几分钟，只看一个地方，你肯定会看到各种动物，它们或爬行或游泳。也许还有更大的动物，比如鱼鹰、浣熊或麝鼠。

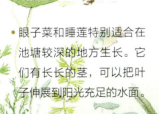

• 眼子菜和睡莲特别适合在池塘较深的地方生长。它们有长长的茎，可以把叶子伸展到阳光充足的水面。

• 池塘植物为水生动物提供了多样化的栖息地。鸭子、蜗牛等都主要以植物的叶子和生长在植物上的藻类为食。

• 在池塘里，阳光直射到水底，营养物质通常很充足。因此，除了自由漂浮的（或浮游的）微小藻类外，还会看到遍布池塘生长着的大型植物。

湖泊生态学

在夏天，大多数湖泊的表层水含氧充足且温暖，非常适合游泳者游泳。这一层水不会与更冷、更深处的水混合。在水下面生活着神秘的生物，有机废物腐烂，消耗着宝贵的氧气。到了夏末，深水区的氧气供应非常短缺：这对鳟鱼和其他喜好富氧的生物来说是个坏消息。随着秋天的临近，湖水变凉，整个湖泊的温度变得均匀一致。这时，表层和深层的水会混合，氧气和营养物质在湖泊的表层和深层水间传递。这个过程在春天会再次出现。

湖泊边缘的浅水区与池塘、草本沼泽等湿地非常相似。这是滨岸地带，在这里，阳光直射水底，有各种大小的植物。只要有足够的沙子或泥土用来生根，在湖中央的浅水礁石间也可以生长一些植物。

在湖泊的较深处，阳光只能照射到上层水，大型的有根植物无处可寻。浮在水面附近的是微型藻类等浮游植物，它们构成了开放水域食物链的基础。这些微小的生物产生氧气，并为浮游动物提供食物，而浮游动物又为鱼类和大多数其他湖泊生物提供食物。

夏季

- 通常，在夏季，湖泊表层的水（或表水层）会变得很温暖，相比之下，深层的水（或深水层）仍然很冷。在这两个区域中间是变温层，这里的温度在几米内就会发生巨大的变化。

- 表水层和深水层是湖中两个非常明显的区域，特别是在夏季。两者之间的水很少混合，所以很像是两个湖合二为一——一个温暖的湖被放在一个寒冷的湖之上。

- 尽管生物呼吸在持续消耗着氧气，但由于光合作用和与空气中氧气的混合，表层水仍能保持较高的溶氧量。

- 到了夏末，深水区（那里太暗，无法进行光合作用）的氧浓度会变得非常低。鱼类、浮游动物和其他动物会消耗掉大部分的氧气。此外，死亡的动植物会堆积在湖底，而很多有分解作用的微生物也会消耗氧气。

春季 / 秋季

冬季

- 氧气有可能完全或几乎完全耗尽，这将导致除了厌氧细菌以外的所有生物死亡。这种情况通常只会发生在污染严重或富营养化的湖泊中。幸运的是，湖泊的季节性翻转有助于恢复湖底的氧气浓度。

- 在夏季，因为表层的水和深层的水不能混合，所以表层水中的氧气无法帮到湖底的生物。同样，水底分解产生的营养物质也不能供给靠近水面的浮游植物，这会限制它们的生长。

- 在秋季，表层的水会变冷，整个湖的温度变得均匀一致。由于水在4℃时密度最大，因此冷却后的表层水会向湖底下沉，进而迫使深层水上升。随着温度分层的消失，风的作用和水流有助于湖水的循环。

- 这种季节性的混合或翻转，为湖底带来了所必需的氧气，并将分解后的营养物质送到水面。在这个翻转过程中，水温、氧气和营养水平在所有深度趋于一致。

- 在冬季，湖泊的表面温度非常低。事实上，北美洲北方地区的许多湖泊都会结冰。相比之下，深水层的温度通常约为4℃，比表层水的温度高。这种温度分布与夏季的情况正好相反。

- 由于细菌等微生物的持续分解作用，在冬季，湖水中的氧气浓度会持续下降。

- 随着春天天气转暖，表层的水逐渐达到4℃的临界点。这再次导致表层的水和深层的水混合，并确保了整个湖泊有充足的氧气和营养供应。

- 事实上，冰能漂浮确实是个非常奇异的现象。因为，水是少有的固态比液态密度低的物质之一。

河口：河流与海洋的交汇处

在流域系统的下游，河流最终要汇入海洋。纵观历史，不管是野生动物还是人类都聚集在这些自然交汇处。河口是河流的门户，它们是关键通道，让重要的营养物质离开陆地和流域，进入海洋生态系统。

河口形状各异，大小不一。有些河口拥有岩石构成，轮廓分明的河岸线，陡峭地延伸至深水区；还有一些河口，河流入海口较浅，三角洲很开阔，生长着丰富的鳗草和海藻。例如，密西西比河携带了大量的泥沙，沉积范围很广，可以延伸到很远的大海中。这些沉

积物可能会被洋流带着沿海岸线扩散，形成一个"鸟足形三角洲"。

　　海洋植物需要生存在阳光相对充足的浅水中，并需要有充足的营养供给。河口提供了必需的阳光和食物，各种生物因此得以在此繁衍生息。这里是幼鱼和无脊椎动物的重要"育婴区"，也是候鸟的重要觅食区。相比之下，在开阔海洋的清澈表层水域中，生物却十分稀少。那里虽然有充足的阳光，但营养物质很少，生态生产力低下。清澈湛蓝的海水看起来很美，但它却表明动植物生命的相对匮乏。

　　生活在河口的生物必须能适应不断变化的环境，这意味着动植物必须有生存对策。在海中，水位每天涨落两次，这给在浅水区中的生物造成很多困扰。潮汐的高度每天都在变化，而且每个区域都不一样。水温和盐浓度（或盐度）也因潮汐、水流和其他因素的影响而不同。事实上，在河口处通常有一层较轻的淡水漂浮在密度较大的盐水之上。

- 河口是河流汇入海洋的地方。一层淡水可能会流过下面较冷、较咸的海水。被河流携带到下游的营养物质使河口的生态非常丰富。
- 河口和其他沿海湿地是世界上生产力最高的生态系统，为生物提供了必不可少的氧气和食物。

岩石河口

如果一条河流进入海洋的地方很深或有强流区域，大部分沉积物会很快从河口被冲走。因此，河流与海洋的海岸线的界限非常明显。

河口即使没有形成三角洲沉积，也会有丰富的海洋生物。河流输送的营养物质存在于近水面，在那里浮游植物和海藻茁壮成长。浮游动物和其他食草动物以这些植物为食，然后它们又被其他海洋

生物吃掉。

在加拿大魁北克有一个这样的河口，那里是萨格奈河与圣劳伦斯河的交汇处，这个地区因富含营养物质的洋流上涌，从而更加富饶。这是一个生机勃勃、令人印象深刻的生态系统，这里孕育了巨量的毛鳞鱼。它们的存在解释了为何当地有大量的海豹和鲸鱼，甚至包括濒临灭绝的白鲸种群。

盐沼

盐沼在外观上与淡水沼泽有些相似，但在大多数情况下，盐沼以各种草本植物和小灌木为主。不同的物种生长在沼泽的特定区域，当人们从岸边向外远眺，可以看到明显的分带现象。

盐沼植物必须能够适应水和可利用养分供应的变化，同时，还要适应盐度水平的变化。盐沼植物的基本特性是能容忍每天两次涨落潮和从河流中涌入的淡水。

许多生物长期生活在盐沼中，不是在植被间，就是在湿土中。而其他生物，如水禽，则只是在迁徙期间或在其一生的一部分时间来此栖息。

鳗草海草床

在一些浅水淤泥水域中生长着茂密的鳗草海草床。通常，这些草床在低潮时也保持在水面以下。

厚厚的植被垫为生物提供了觅食和藏身的绝佳场所。与盐沼一样，许多种类的鱼和无脊椎动物生活在鳗草海草床上。幼小的生物需要这些"育婴区"的保护，以免受捕食者的侵害。类似地，在岩石海岸线上的海草床(海带或海藻)也为生物提供了必不可少的保护。

4 第四章
流域的自然变化

人们通常认为，自然界的万事万物几乎都是保持不变的。甚至连"自然平衡"这个表述，也似乎暗示了自然界的事物保持着相对的稳定性。因此，我们总是假设生态环境的变化是在变坏，并且是由人类引起的。鉴于人类确实给地球带来了无数的改变，而其中许多变化都给环境带来了非常严重的后果，我们对这个结论就可以理解了。

不过，我们必须记住，自然界本身就是在不断变化的。尽管有些物种比其他物种更能经受住环境的重大变化，但所有生物都必须至少具备一些适应的能力或习性，以帮助它们能在微小波动的生活环境中生存下来。不管什么原因，一些物种会从环境变化中受益，而另一些物种则会受到不好的影响。

自然生态变化，包括史前时期的冰川运动或海平面的升降等重大事件，还包括干旱、洪涝、暴风雨等与气候相关的极端天气事件。甚至活的动植物也会引起自然界的变化。虫害、河狸筑坝造成的洪涝以及枫树的遮挡都会对特定地区的物种造成影响。这些自然变化与人类造成的气候变化所带来的剧烈且通常是毁灭性的影响形成了鲜明的对比。气候变化正在改变着火灾、洪涝、干旱和全球气候模式的强度和频率。

河狸池塘和草地

像人类一样，河狸也具有改变其周围环境以适应自身需求的能力。当这些大型啮齿动物筑起一座水坝时，他们可以将一个小溪谷变成一个非常大的池塘，其深度可达数米，整个生态发生了巨大变化！显然这对于那些被淹死的树木和植物以及被迫迁移的陆生生物来说并不是件好事，但它确实为需要水生栖息地的野生动物提供了新的栖息地。

河狸生活的池塘里往往有很多枯树，但最终都会腐烂倒下。当河狸不再使用池塘时，水坝将会因没有维护而破裂。这会在池塘中央留下一条小溪，这个区域会富含大量腐烂的有机物。

一个草地的群落很快就会形成，但这在有大量河狸生活的北美洲北方森林地带相对少见。自然演替不断进行，逐渐地，大型植物会生长起来，整个森林又恢复了完整的生态循环。

植物群落的自然演替

森林火灾、风暴和虫害都会对陆地生态系统产生很大的影响。这些干扰所带来的影响大致相同：树木覆盖面积减少，从而使更多的阳光可以照射到地面。这意味着不同的植物可以在这里生长。随着时间的推移，当不同种类的植物和树木生长起来后，生态系统也随之发生变化。最终形成一个成熟且稳定的植物群落——"顶极群落"。这个变化过程被称为自然演替。

如果干扰严重，地面上几乎所有的植物都可能被毁灭。不过，经常会有一些树木和灌木存活下来，重新长出新芽和叶子。这些影响也有很多好处，因为倒下的树木和烧毁的木材会使养分重新回到土壤中。许多动植物更适应发生过火灾或虫害的生态环境。事实上，一些生态系统需要偶尔的自然干扰。例如，在北美洲干燥的中部平原上，火灾限制着树木的生长，维持着草原群落的平衡。

对于许多植物来说，最有益的自然干扰是增加到达地面的阳光量，这有利于草地植物的生长，如牧草和杂草。这些最早期的植物，有许多是通过空气流动带来的种子，它们成千上万地从其他地区迁徙而来。渐渐地，小灌木和喜欢阳光的树木开始生长，这些种子有

一部分是由鸟类传播来的。为了在争夺光照的战争中获胜，许多植物生长非常迅速。例如，杨树会结出大量随风飘散的种子，一旦生根，它们通常在一个季节就能长到 1.8 米甚至更高。如果没有火灾干扰，它们又会从根部长出无数的嫩芽。

　　一旦第一代灌木和树木成熟，地面就会被遮蔽，生态系统变化就不可避免。那些需要充足阳光的物种就无法再生长，但耐荫的物种则会茁壮成长并蔓延。顶极物种的幼苗可以忍受几年的遮阴，但往往需要充足的光线条件才能成熟。当挡在它上面的那棵树死亡，阳光照到正在生长的幼苗上时它们才会肆意生长。最后的演替阶段是形成了顶极森林或群落。

- 森林火灾后留下的深黑色土地和烧焦的树木看起来毫无生机。但火灾和其他自然干扰，如洪水和虫害，都能发挥重要的生态作用。
- 森林火灾能将养分送回到土壤中，任由幼小的、充满活力的生态群落生长。火灾后荒凉的景观很快会被新生植物鲜艳的绿色所取代。
- 随着气候的变化，由于一些地区天气变得更加干燥，导致野火也变得更加频繁和广泛。

洪水

　　洪水泛滥是河流生命中的一种自然现象。特大暴雨后及春季融雪期间会发生洪水泛滥现象。因此，河谷（或洪泛区）和河口得到了河流带来的重要的营养物质的滋养。

　　森林和湿地在限制洪水的规模和频率方面发挥着重要作用。植物需要大量的水，植被和土壤像一块巨大的海绵，可以减缓和减少进入河流的雨水量。森林和湿地越多，发生异常大规模洪水的可能性就越小。

　　在近几个世纪，由于人类的活动，许多河流洪水泛滥的规模和频率都大大增加。湿地的消失、大片森林（尤其是那些靠近河流的森林）被砍伐以及城市地区的地面硬化使地表径流增加，这些是造

成重大灾害的部分原因。人为因素造成的气候变化正在影响全球的气候模式，导致一些地方极端天气事件增加，如强烈风暴，这可能会加剧一些地区的洪水泛滥。

几千年来，大量的社区是在河谷中发展起来的，这里靠近肥沃的土地和高产的农田。既讽刺又悲哀的是，永久定居点一般都是建在自然条件鼓励定居的地方，而这些地方可能又经常会对居民造成巨大的伤害。

池塘和小湖的富营养化

自然变化有时会产生令人惊讶甚至吃惊的结果。例如：池塘或小湖消失之谜。

营养丰富的湖泊和池塘养育着大量的动植物。动植物一旦死亡，有机物就会堆积在湖泊和池塘的底部。周边地区的地表径流也会给湖泊注入更多的养分，土壤也会在湖底堆积。多年后，湖水的深度逐渐下降，腐烂的有机物逐渐增加。生长迅速的植物会在浅水区大量生长。当它们死亡时，又会使土壤层不断增加。最终，陆生植物也能在此生长，池塘或湖泊就会消失，因为它们完全被肥沃的土壤和腐烂的动植物填满。

然后，自然演替过程继续进行，一种陆生植物群落被另一种陆地植物群落取代，直到最后达到生态系统的顶级阶段。

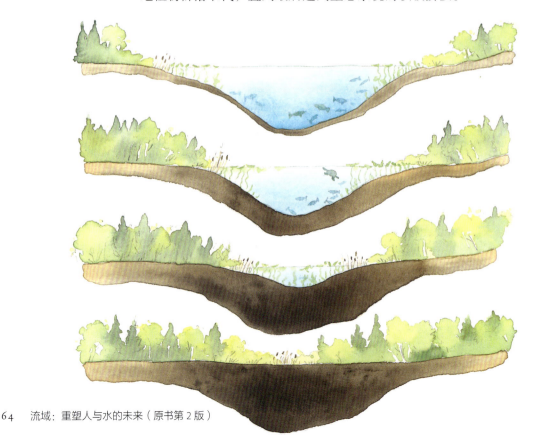

第二部分
环境问题及其影响和解决方案

在第一部分，我们介绍了许多生态学的基本原理。我们关注了北美洲不同的生物区，考察了水循环和营养物循环，还研究了流域的不同部分及其功能。我们也看到了，变化是流域变迁史中的不可缺少的部分。

然而，我们都很清楚，人类也造成了自然界的变化。这些变化如此之多，影响如此之大，以至于无法被完全统计，我们甚至无法准确评估环境成本。人类对生态环境造成的破坏不仅影响到了单个动植物，而且还影响到了整个物种、生态系统和流域。

也许最令人难以置信的是，这些生态破坏还在以同样的速度持续进行着。地球大约已有46亿年的历史，人类最早的祖先可以追溯到大约300万年前，但现代文明只有几千年的历史。从那时起，人类就有能力制造工具，并在整个地球上传播，甚至向外扩展到太空。

特别是在过去的一两个世纪，人口呈指数级增长。大约一个世纪前才开始的大规模工业化，意味着现代社会正以前所未有的速度消耗着自然资源。我们大部分环境问题的根本原因都可以追溯到人口过剩和工业化，以及许多地区对消费品永不满足的需求。

在接下来的几章中，我们将探讨影响北美洲的一些主要环境问题。这些问题包括空气污染、水污染、气候变化，以及外来物种和栖息地丧失对生态系统和生物多样性的影响。我们重点关注我们正在做什么，以及我们每个人能做些什么来改善这种现状。

5 第五章
空气污染与气候变化

空气污染是一个复杂的环境问题。许多污染物会通过气流从一个地方输送到另一个地方，或最终进入大气层。这意味着某一个流域的污染物也可能会成为其他流域的主要污染问题。在许多情况下，空气污染物会随着气流传播到其他州和省，甚至其他国家或更遥远的大陆。污染物的源头与污染物最终沉积的沉降点之间的实际距离可能很短，也可能很长，在某些情况下甚至可达数千英里（1 英里 =1609.344 米）。

森林火灾产生的烟雾是北美洲当地空气污染的一个典型例子。现代社会对石油、天然气和煤的依赖导致了包括城市雾霾在内的多种地方性大气污染问题。我们对这些化石燃料的依赖产生了广泛的影响，如酸雨和导致气候变化的温室气体排放。

空气污染所带来的影响最终会波及所有的流域。污染物通过降水和沉积作用返回地球表面，或者通过人类造成的全球气候变化影响生态系统和人类。污染物一旦回到地面，在流域中顺流而下时，就会立即开始危害生物体。这样一来，许多空气污染物最终会造成水污染。

气候变化与温室效应

大气中的二氧化碳、水分和甲烷等气体有助于地球吸收或保存来自太阳的热量。地球表面保持温暖的方式与暖房内部通过玻璃或塑料覆盖物保持温暖的方式大致相同。不幸的是，像燃烧大量化石燃料（即石油、天然气和煤）以及木材等人类活动，正在向大气中释放越来越多的二氧化碳，导致产生一种被称为温室效应的现象。植物可以吸收和储存大气中的二氧化碳，然而，世界各地大规模的伐木，以及湿地和原生草原的丧失，使大片树木和其他自然植被逐渐消失，这种情况显然是有问题的。因此，化石燃料的燃烧和动植物自然生境的丧失，导致了大气中温室气体排放量的净增加。

温室气体排放增加的结果之一是气候变化，包括全球变暖。因为并非世界上所有地区都一定会变得更热，所以我们使用"气候变化"这个术语来讨论更合适。气候变化可能会引起全球多地干旱和气候变暖加剧，极端天气气候事件频发，甚至引发极地冰川融化，从而导致海平面上升和沿海地区洪水泛滥。温室气体和气候变化造成的环境破坏，以及近几十年来这种破坏速度的加快，让专家和公众感到震惊。现在许多人将这个问题称为气候危机，也就毫不奇怪了。

温室气体排放一直是各界讨论的主题。然而，大气中温室气体的增加并不是我们面临的唯一问题。争论更激烈的问题有时与气候变化的具体影响有关，例如，温度变化幅度和温度变化率是多少，以及这将如何影响不同地区的气候、气候模式和海平面等。

不管人们对气候变化日益严重的影响预测如何，从多角度看，减少温室气体排放具有积极的生态意义。减少这些温室气体排放可以与减少其他空气污染物，以及保护和恢复森林、湿地、草原、其

• 这种现象有时被称为"全球变暖"，但更合适的说法是"气候变化"。虽然地球总体在变暖，但并非所有地方都在变暖。许多地区在某些时候会经历剧烈多变和不可预测的天气变化——多数情况下会变暖，但有时也会变得更冷。

他自然生境齐头并进。应对气候变化不仅有助于保护全球生态系统，而且有助于解决生物多样性危机。

气候变化、温室效应以及臭氧层损耗是媒体广泛报道的环境问题。酸雨和臭氧层空洞在过去的几十年里也备受关注。但是环境问题并不会随着媒体关注度的变化而变化。这些问题和其他的环境问题一直存在，相互关联且影响广泛。

• 气候变化正在导致两极冰盖缩小和冰川融化。这会使海平面上升，并威胁到世界各地低洼的沿海地区和一些偏远小岛上社区的安全。

• 北极是整体变暖非常迅速的地区之一。那里的海冰正在融化，大片地区已经很长时间不结冰了。然而，很多野生物种已经适应了长期被冰雪覆盖的环境，如北极熊、海象和一些海狮，现在它们不得不在一年的大部分时间里面临生存危机。

• 气候变化导致全球的气候模式越来越不稳定，许多地区正在经历猛烈的风暴，包括飓风、洪水和长期干旱等自然灾害。

- 气候变化被认为是野火发生频率、强度和范围增加的主要原因，也是引起人们关注人类、野生生物和自然生境的主要原因。

- 植物在生长和进行光合作用时可以消耗大量的二氧化碳。这减少了温室气体，并将碳转化为一种可由植物储存起来的固态形式。众所周知，北美洲的草地、北方泥炭地和古老的森林可以储存（或封存）碳。

- 当木材和化石燃料燃烧时，储存在其中的碳将以二氧化碳的形式释放到大气中。

- 湿地、天然草原、森林以及其他自然生境的丧失正在加剧温室效应和气候变化。因此，气候危机和生物多样性危机是紧密联系在一起的。

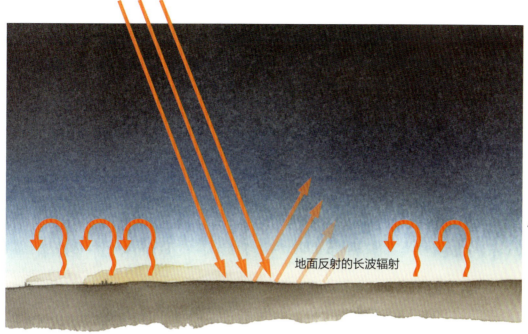

来自太阳的短波辐射

温室
气体层

地面反射的长波辐射

- 温室气体包括二氧化碳、甲烷、氧化亚氮以及氯氟碳化物等。

- 来自太阳的短波辐射可以穿过温室气体层，但是从地球表面反射的长波辐射大部分会被地球大气层中的温室气体捕获。随着温室气体的增加，更多的长波辐射会被捕获。

- 温室气体和温室效应是自然存在的，但人类活动大幅度增加了这些气体，以至于世界气候受到显著影响。

- 地球大气中的臭氧层比温室气体层高。

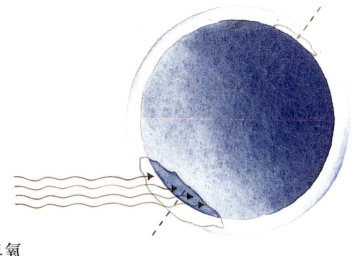

平流层中臭氧的减少导致越来越多来自太阳的紫外线辐射到达地球表面。

臭氧

臭氧污染是环境新闻报道中经常出现的话题。这是一个令人困惑的问题，因为臭氧对生命既有益又有害。在距离地球表面10~50千米的地方存在一层臭氧，可以屏蔽紫外线，保护我们免受皮肤癌和其他严重疾病的困扰。然而，在地面上，臭氧和其他化学物质发生反应，可以形成光化学烟雾，不仅会刺激眼睛，而且会损伤许多动物的呼吸系统。此外，地面的臭氧对植物也是有害的。据估计，仅在美国，由于臭氧导致每年农作物经济损失就高达数十亿美元。

人类已经降低了地球大气层里平流层中的臭氧浓度，同时也导致了地面臭氧浓度的增加。平流层的臭氧问题主要来自于冰箱和空调的制冷剂、制造隔热材料的发泡剂、气溶胶喷雾剂和清洁剂中的氯氟碳化物。氯氟碳化物通过化学反应分解臭氧分子，导致平流层的臭氧减少。目前在全球范围内已经禁止生产氯氟碳化物，但氯氟碳化物仍然存在，尤其是在老旧设备中。

在地面上，来自汽车和工业的污染会引起一系列单独的化学反应。氮氧化物、氧气和其他污染物在太阳光照射下会产生臭氧，甚至更多的其他污染物，我们称之为光化学烟雾。光化学烟雾比较重，所以它往往停留在地面附近，严重影响着大多数的生物，在炎热潮湿的夏季影响尤为严重。

友好的臭氧：臭氧层

- 这一天然的气体保护层位于地球表面大气层的平流层，它保护我们免受太阳紫外线的伤害。当臭氧层较薄时，就会有更多的紫外线到达地面。

- 20 世纪 80 年代，科学家在南极洲上空发现了一个臭氧层变薄的区域，这就是众所周知的臭氧层空洞。这是一种季节性的现象，一年中其强度会随季节发生变化，在 9 月和 11 月之间最为严重。近年来，在北极地区也发现了类似的臭氧层空洞。

- 全球禁止生产新的氯氟碳化物，将有助于改善臭氧层变薄的总体趋势。

- 由于担心臭氧层变薄和可能对人类健康造成影响，有些社区每天都会显示紫外线指数数据。

有害的臭氧：地面上的问题

- 地面的臭氧与来自工业和机动车辆的污染物一起形成光化学烟雾。

- 光化学烟雾对人类和其他动物以及植物的健康有害。

- 因为臭氧比干净的空气重，所以光化学烟雾更靠近地面。在夏季，炎热、潮湿和受污染的空气经常使大城市"窒息"。如果这些城市位于山谷或其他空气流动受限的地方，情况更是如此。

- 不幸的是，地面的臭氧无法上升，因此不能填补平流层中的臭氧层空洞。

酸雨

酸雨是一个术语，用来描述比自然雨水酸性更强的任何形式的降水。酸雨主要来源于化石燃料燃烧和金属冶炼所产生的污染物。这些空气污染物与大气中的水蒸气发生化学反应，产生酸雨。

当我们燃烧化石燃料发电、驾驶汽车或在工厂进行生产时，各种废气会被释放到大气中。例如，天然气或煤，它们曾经是史前植物或动物的碳骨架，现在被转化为二氧化碳气体并释放出来。同时，在这个过程中也会产生含氮和硫的废物，并在大气中反应生成氮氧化物和二氧化硫。这些化合物与空气中的水分结合形成酸性溶液，最终以酸雨、雪或雨夹雪的形式返回地面。

酸雨的生态影响是多方面的。在污染严重的地区，湖泊和河流可能会变得酸性极强，成年的鱼会被直接杀死。不过，这种酸性极强的情况不会经常出现。一些成年的鱼往往可以在弱酸环境中存活，但鱼卵和幼鱼一般无法存活。酸雨会导致土壤释放铝和其他污染物，这些污染物对生命有害。无脊椎动物，如蛤蜊、蜗牛、小龙虾和水生昆虫等，会随着酸度的增加而消失，这些物种的消失会显著减少食物链上层生物的食物。因此，酸雨也会影响处于或接近食物链顶端的野生动物，如潜鸟和鲑鱼等。

酸雨还会影响陆地的自然生境。雪水形成的池塘中的酸性水会

伤害青蛙、蟾蜍、蝾螈的卵和幼崽。酸雨改变了土壤的化学性质，并减少了许多必需的养分和矿物质的含量，这对许多植物物种都有不利的影响。处在人口高度稠密的道路两侧的树木会出现衰退的迹象，如生长缓慢、树枝枯萎到极端情况下的死亡。然而，这些影响往往是间接的。酸雨会直接破坏树木的生长，使它们更容易受到疾病、干旱和其他自然干扰的影响。

从更积极的方面来看，许多地区都有土壤和岩床，它们能够自然中和或"缓冲"酸雨，从而将酸雨带来的生态后果降至最低。此外，许多地区环境污染控制技术在不断进步，使得导致酸雨产生的污染物排放量在显著减少。尽管如此，酸雨仍然是一个严重的环境问题，治理酸雨之路仍然任重而道远。

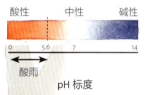

冰雪融水池塘中的酸性冲击

- 在北美洲的北方地区，冬季的几个月里会积累酸雪。当春季气候转暖冰雪融化，整个季节积累的酸就会被释放出来。
- 这种积累后释放的巨大污染会给小溪和池塘带来酸性冲击。
- 一些物种，如两栖动物，在这些融水中繁殖，酸性冲击会杀死正在发育的卵，并伤害幼体。蝾螈、蟾蜍和青蛙对许多污染物和生境破坏都很敏感。这些环境指示生物已经在北美洲的许多地区消失了。

死湖

- 死湖看上去很美。水的清澈度和海蓝色的增加与酸度的增加有关。不要上当受骗，这是一个非常糟糕的迹象。
- 随着 pH 值的下降，生物多样性会减少，物种也会越来越少。
- 一个适度酸化的湖泊可能会有一些大型鱼类，但它们的后代很少能存活下来。无脊椎动物，如小龙虾、水生昆虫和蛤蜊等，也无法忍受酸性水，这显然会影响大型生物的食物供应。

森林减少

- 非常靠近主要污染源的树木会被杀死。
- 离污染源稍远的树木生长速度较慢，枝条会枯萎或死亡。
- 生长在多雾气候中的森林会受到很大的影响，因为树木经常沐浴在潮湿的酸性空气中。
- 随着北美洲许多地区污染物排放量下降，酸雨污染物主要来源附近的一些森林在持续地恢复中。

土壤和风的影响

- 最大的空气污染问题发生在主要工业区和城市的下风向地区。

- 不幸的是，一些对酸雨最敏感的地区也位于下风向地区，如安大略省北部、魁北克省以及纽约州的阿迪朗达克山脉等。尽管近年来酸雨污染在许多地区有所减少，但其对土壤、水体和环境的影响仍然存在，这反映出环境恢复之路还很漫长。

- 许多地区的土壤和岩石可以起到抵御酸雨的天然缓冲作用。如果你生活在一个有很多石灰石的地区，那么酸雨对你附近的大湖和河流的影响就很小。

空气污染

每个人都可以做很多简单的事情来帮助减少空气污染。这些小行动确实有助于保持空气清洁和大气健康。由于许多污染物最终要落回地球表面,空气越清洁通常意味着陆地上的污染越少、水体的污染也越少。清洁的空气和健康的流域是密不可分的。

汽车尾气污染会导致地面臭氧增加、温室气体排放增多、气候变化和酸雨,所以我们可以考虑以下措施:

- 多骑自行车和步行,少开车。
- 尽量用拼车代替独立驾车。

- 多乘坐公共交通工具。
- 如果你必须开车出行,可以把几件事放在一次出行中完成。
- 使用辛烷值更高和更清洁的汽油,这样汽油燃烧效率更高,污染更少。
- 用节能、混合动力或电动汽车取代老旧汽车。

- 保养好车辆以最大限度地减少污染,并时常检查轮胎气压和车轮定位。
- 以较低的车速行驶,可以减少油耗和污染。
- 避免因快速启动汽车,导致发动机空转几分钟。

在家里，我们还可以通过以下方式帮助减少空气污染：

- 确保我们居住的房子保温效果良好。
- 夏天和冬天适度调节温度控制设备以节省燃料。
- 购买使用环保制冷剂的空调和冰箱。
- 避免使用含有对环境有害成分（如氯氟碳化物）的产品。
- 种植乔木、灌木和其他本土植物，有助于减少大气中的二氧化碳和其他污染物。

- 避免购买和使用燃烧后会产生污染空气的有毒害物质的家用产品。
- 注意垃圾分类，将危险的家用产品（如使用过的油漆和机油、旧轮胎、废旧电池）放在特殊的危险废物收集处处理，而不是同普通垃圾一起处理。
- 多用草耙清理树叶，避免使用噪音大、污染严重的吹叶机。
- 在有选择的情况下，避免使用吹雪机，而是用除雪铲铲雪。

在乡村别墅和农场，我们可以通过以下方式帮助减少空气污染：

- 通过徒步旅行，划独木舟、皮划艇和帆船，越野滑雪和踏雪等无污染活动，享受和探索户外乐趣。
- 减少或避免使用户外机动车辆，如水上摩托、雪地摩托、全地形车和动力艇。
- 用先进的、更静音的发动机取代旧的船用发动机，这些发动机耗油更少，产生的尾气对空气和水体污染也更少。
- 将树叶和树枝堆肥，或者让它们在树林中自然分解，而不是将其焚烧。

我们还可以向政治家和工业界倡议，呼吁他们通过以下方式减少空气污染：

- 鼓励使用清洁的工业技术，并制定强制性环境标准。
- 为燃煤设备和金属冶炼厂安装烟气洗涤装置以控制污染。
- 用更清洁、更高效的工厂取代老旧的工厂。
- 改用太阳能和风能等替代能源，用更清洁的燃料发电。

6 第六章
水污染

　　水污染在世界各地以多种不同的形式存在。一些毒物和毒素很容易被识别为污染物，它们对环境的影响很容易被确定。而在其他情况下，很难发现污染问题。例如，氰化物化学泄漏会立即影响水域，会毒死鱼类和其他水生生物。但是，氮和磷的污染就要复杂得多。动植物需要这些基本的营养物质，但如果太多的营养物质从农场和城市进入我们的水道，就会成为一种严重的水污染形式。

　　有时污染问题的根源很容易找到，比如个别工厂或矿山等就是主要的"点污染源"。现在的挑战是鼓励、立法和强制减少污染的实施措施。然而，污染不仅来自工业污染源，而且还有无数的"非

点污染源"，包括数以百万计的房屋、公寓、乡村别墅和农场。在很多情况下，非点污染源污染更难定位和控制，因为它涉及广泛，有多个不同的源头。要成功地改善空气、土壤质量和水质，必须针对所有污染源，包括工业、家庭、农场以及我们每个人的日常行为。

生物富集与污染物的影响

最可怕的水污染案例之一可以通过下面这个实例说明，即调查某些持久性化学品对环境的影响，比如，有机氯污染物和重金属。有毒的化学品通过空气污染或直接排入水道而进入水生食物链。虽然水样中毒素的浓度通常很低，但在鱼和食鱼动物体内往往非常高。下面的叙述说明了此类污染物即使是微量的，也会被吸收进入活的生物组织中，并在随着食物链的上升不断富集。

生物不断从周围环境中获取营养物质和食物。同时，它们也通过称之为生物富集的过程积累水中的污染物。无论生物在食物链的哪个位置，它都会在其整个一生中不断富集污染物。虽然一些污染物可能会释放回水中或遗传给后代，但其中大部分仍留在生物体内。

在食物链的更高层次，那些高端生物体内的有毒污染物的浓度会增加。食物链底端的微小水生植物收集营养物质并富集水中的污染物。小型动物，如浮游动物，以大量的浮游植物为食，因此体内积累了较高浓度的化学物质。接着，大量的小鱼被大鱼吃掉。这些大鱼又会被鸬鹚、鹭、水獭、海豹、鲸鱼乃至人类捕食。随着食物链的逐步上升，污染物的浓度会不断升高。这一现象被称为生物放大效应。食物链顶端动物体内的污染物浓度可能是周围水体的数十万甚至数千万倍。

持续时间最长、最有害的污染物是储存在生物脂肪组织中的氯基有机化合物（或称有机氯污染物）。许多工业产品或废弃物含有多氯联苯（PCBs），或二噁英和呋喃等其他有毒物质。滴滴涕（DDT）是另一种高度持久性的毒素，它在 20 世纪被广泛用作农药杀虫剂。尽管大多数这类持久性有机污染物已经被禁用数十年，但在世界部分地区仍有人使用，而且在自然环境中还有残留。铅、汞和铜等重金属是另一种对生态非常有害的生物富集污染。它们会贮存在肌肉甚至大脑等组织中。

滴滴涕、多氯联苯和其他毒素对野生动物的影响非常可怕。在 20 世纪 50 年代和 60 年代，许多猛禽的数量锐减，如以鱼类为食的白头鹰、苍鹭和鸬鹚等受到了影响。其他食肉动物，包括游隼等也未能幸免。其结果是繁殖失败：鸟蛋经常无法孵化，或者蛋壳太薄，大鸟一压就破碎了。也有些孵出了幼鸟，但因喙部扭曲、畸形很快就死亡了。其他动物，如一些鱼类，也出现了奇怪的肿瘤和其他疾病。

幸运的是，保护行动和更严格的法规实施，以及公众意识的提高和行业问责制的加强，有助于降低许多污染物的浓度。整个北美洲都出现了积极的趋势，许多猛禽类在重新恢复。不幸的是，如上所述，世界上很多地区还在使用危险的污染物。这对当地的野生动物有害，对迁徙的物种也有害，甚至对远在北极的生态系统都有害，因为北极可能会通过大气沉降和洋流而受到污染。

许多污染物的生态影响很难评估。虽然大多数人认为污染物会持续危害野生动物，但通常很难确定某一特定行业或化学品是造成危害的直接责任者。影响生态食物链的因素非常多，要想获得"确凿证据"一般是比较困难的。

- 生物富集是指生物在其生命周期内污染物在生物体内不断增加的过程。动物每次进食或饮水时，也在摄入污染物，这些污染物大多会残留在体内。

- 有些物种，如蛤蜊和贻贝，会过滤水分来捕食微小的浮游生物。因为它们必须过滤大量的水才能获得足够的食物，所以它们也会富集大量的污染物。重工业下游的许多地区都张贴了警示标志，提醒人们不要食用受到污染的蛤蜊和贻贝。

生物富集

鸬鹚
三级或更高级别的消费者 — 其体内的污染物浓度是水体的 500000 至 50000000 倍

小鱼
二级消费者 — 其体内的污染物浓度是水体的 100000 至 500000 倍

浮游动物 / 水生无脊椎动物
初级消费者 — 其体内的污染物浓度是水体的 10000 到 50000 倍

浮游植物
生产者 — 其体内的污染物浓度是水体的 1000 到 5000 倍

- 动植物在其生命周期中会富集污染物。此外，较大的生物会吃掉大量较小的生物，食物链逐级向上，污染物的含量就会增加。
- 毒素可能直接排放到水中，也可能从陆地上被冲入水中。最终，它们会积聚在更大的河流和湖泊中。因此，以大量鱼类或其他水生动物为食的食肉动物往往受到的影响最严重。
- 大型鱼类或鸟类体内的污染物浓度可能比浮游生物高数百倍或数千倍，比水体本身的浓度高数百万倍。

工业水污染源

水污染有许多不同的来源，工业经常被指责为是破坏环境最严重的罪魁祸首之一。大型工厂浓烟翻滚的烟囱和令人讨厌的污水排放系统很容易被确定为污染的主要点源。此外，许多行业也与大面积自然栖息地的丧失有关，例如林业或露天采矿业。

工厂是各种形式污染的源头。烟囱排放会造成空气污染，并会加剧温室气体排放，废水会直接导致河流和湖泊的污染。在土壤中流动的地下水会将毒素从一个地区输送到另一个地区，在某个位置可能进入河流和湖泊。空气污染，如酸雨，最终会落回到地面，成为一种新的水污染形式。而工业事故，如毒素泄漏，会导致土壤、含水层以及湖泊和河水受到污染。

对水体直接产生严重影响的工业污染物是一些具有高度持久性的氯基污染物、重金属，还有从石油和天然气中产生的有毒碳氢化合物。石油的意外泄漏也会对生态产生深远影响。使用水来冷却机器的工厂会产生温水，当排入河道时会影响野生动物——这是一种热污染的形式。即使排出的水是干净的，温度的升高也会降低水中的含氧量，并极大地改变栖息地的环境。

大量污染的产生，再加上种类繁多的化学污染物，构成了令人沮丧的疾病和死亡画面。不过，能减少污染物数量的更清洁、更绿色环保的技术也正在持续进步。新的、更加环保的工厂正在建设中，而一些老旧企业也正在进行技术改造以减少污染。

石油泄漏

- 石油污染有许多来源。有些泄漏非常大，例如，海上大型油轮或钻井平台事故。无论是在陆地上还是在水上，每天很可

能会发生数千起小型漏油事故。许多污染，无论源自船舶舱底清洁、泄漏的储油罐还是将脏的汽车机油倒在地上或下水道中，其结果都是相似的。

- 炼油厂和转运站是石油污染的其他潜在场所。

- 当石油泄漏到湖泊和海洋时，海鸟受到的影响最大。浸油的羽毛不能提供良好的保温功能或浮力，因此海鸟经常因暴露在冷水而死亡或溺水而亡。

- 海鸟总是成群结队地聚集在一起，特别是在重要的觅食地或筑巢地附近，这使得它们极易受到石油泄漏的伤害。海上大规模漏油事故已杀死了成千上万只海鸟。

- 即使在没有记录到重大泄漏事故的情况下，海滩上也经常会有被海水冲上来的沾满油污死去的海鸟。这些海鸟的死亡可能是由于舱底清洁产生的小块浮油或没有妥善处理的废油造成的。

- 石油泄漏后，会在水面上扩散，另外，有些原油会蒸发，有些则会与水混合进到下层的水中。

- 鸟类、哺乳动物、鱼类、水生植物和海草直接接触溢出的油会使其生病和死亡，除此之外，还有无脊椎动物，如螯虾、海葵、藤壶和海星也会如此。

- 即使水中石油颗粒的浓度很低也会被植物和藻类组织吸收。这些植物被食用后，污染物就会被传递到食物链的上一层，每进一步污染物都会变得越来越富集。

- 石油及其副产品对植物和野生动物都是有毒的，甚至是致命的。

露天矿

工业

- 在开采和研磨矿石制造金属的过程中，会产生各种副产品（有时称为矿渣），包括铅、镍、砷、镉和其他元素。露天矿的径流通常酸性极强，精炼金属产品的冶炼厂也会排放更多的污染物。

- 重金属物质，如汞和铅等，即使含量非常低，对野生动物和人类也是剧毒的。它们在食物链顶端的物种体内会非常富集。

- 多氯联苯（PCBs）已不在美国生产。多年来，它们被广泛用于变压器、荧光灯制造以及许多其他家庭和工业用途。清除多氯联苯和净化多氯联苯污染的土地是一项重大的环境难题。多氯联苯的毒性可以持续多年，许多地区的野生生物仍然受到严重的毒害。

- 纸浆和造纸厂会产生空气和水的污染物。漂白过程中使用的氯会形成许多有害的化合物，其中一些长期存在于环境中。例如，二噁英和呋喃就是纸浆和纸张加工过程中毒性极强的副产品。

- 在分析有关污染的报告时，重要的是要注意并非所有的污染物都具有相同的效力。二噁英和尿液都是含氯化学物质，但二噁英的危险性要大得多——即使在浓度很低的情况下也是如此。

热污染

- 许多工业使用大量的水来冷却机器。当这种温水排放到当地的河流和湖泊中时，它就会改变水生态系统，并会影响生活在那里的生物。此外，温水比冷水含氧气更少，这对许多鱼类和无脊椎动物会产生负面影响。

放射性废物

- 核电厂可以在不产生酸雨污染物或温室气体、不干扰河流流动的情况下发电。然而，它们却会产生放射性废物，这些废物在非常长的时间内（从几十年到几千年）都是危险的。此外，它们还会产生大量的热污染。

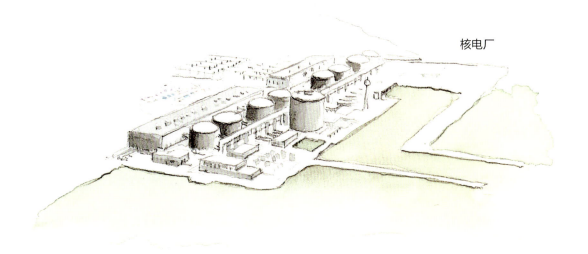

核电厂

塑料污染

在不到一个世纪的时间里，塑料已经从一项相对较新的发明变成了大规模生产的产品，并遍布地球的每一个角落。对于我们大多数人来说，塑料已是我们生活中不能缺少的一部分。塑料形式多样，化学成分各异。它们通常来自化石燃料，现在有些塑料已经开始使用可再生材料合成。塑料非常普遍，从建筑材料和包装到汽车、家用产品、饮料容器，甚至衣服，到处都有塑料的影子。事实上，塑料已经与我们的生活紧密联系在一起，以至于有时很难找到完全不含塑料的产品。

虽然一些塑料产品旨在重复使用，但大量塑料还仅供一次性使用，例如，食品和无数其他消费品的包装材料。无论是一次性使用还是多次使用，我们迟早都会丢掉这些塑料，那时，它们一定会成为垃圾流中的一部分，或者被送往回收站。

不幸的是，大量的废弃塑料最终会成为垃圾，污染城市、农村和偏远地区的景观。它们被冲入小溪、河流、湖泊，最终进入海洋。毫不奇怪，这些塑料会被冲入水道和下水道，并在流域的下游不断累积。即使在地球上最偏远的地方也有塑料污染了。

从宏观抽象的角度来看，塑料垃圾反映了社会日益增长的消费主义和经常出现的浪费现象，但从更深层次上来看，这个问题要更复杂，对环境污染也更严重。当塑料"分崩离析"时，它会释放出可能对环境有害的化学物质。因为塑料种类繁多，每种塑料都有不同的化学成分组成，所以对环境和健康的影响各不相同。有时，废弃的塑料还含有它们所盛装的产品的残留物，例如，清洁产品或机油，这进一步加剧了生态破坏。而且，如果燃烧塑料也会释放污染物，污染空气和水，危害生态系统和生物。

废弃的塑料也会对水生和陆地生态系统中的野生动物造成严

- 大大小小的废塑料被冲入天然水道和下水道，并在流域的下游不断积累。
- 大量的塑料垃圾被冲到海里，并通过洋流积聚成巨大的片状。
- 野生动物可能会被饮料环扣和丢弃的渔线及渔网伤害，导致死亡。海洋野生动物，包括海龟、鲸鱼和海鸟，也可以吃掉大量的塑料垃圾，这些垃圾在水下看起来很像食物。这些塑料会积聚并阻塞它们的消化系统，导致它们死亡。

重危害。废弃的饮料环扣（即将一包铝罐饮料固定在一起的塑料"环"）可能会对各种野生动物产生致命危害，包括鱼类、鸟类、海龟、中小型哺乳动物等。这些影响包括缠绕嘴巴、头部、颈部、翅膀、四肢或其他身体部位，还包括窒息或对未来生长受阻。漂浮在海洋中的塑料袋和包装物看起来很像水母，众所周知，海龟会意外摄入它们。海洋环境中的塑料垃圾会被鲸鱼和海鸟误食，进而导致它们的肠道堵塞。塑料渔具，包括鱼线、渔网和鱼钩，会被鱼类和其他野生动物吞食，也可能使它们陷入困境——受影响的生物包括海洋哺乳动物、螃蟹和海鸟。塑料还可能吸收环境中的有毒残留物，增加对野生动物的健康危害。不管在陆地还是在水中，塑料对野生动物来说都是个坏东西。

我们把目光越来越多地投向很多正在流行的、倍受关注的所谓"微塑料"——即小于 5 毫米的塑料碎片。当较大的塑料分解成越来越小的碎片时，就会形成微塑料，或者它们也可能是为特殊目的有意制造的特殊产品的一部分。微塑料的主要来源是较大塑料的碎片、合成纺织品和服装中脱落的微纤维、轮胎胎面磨损碎屑、香烟过滤嘴以及添加到一些健康美容产品中的微珠。这些微塑料以及更小的纳米塑料存在于世界各地的生态系统中。它们存在空气中，并在水体中大量积累，进入全球食物链。尽管微塑料的影响仍在研究中，但人们非常关注这些颗粒在环境中的持久性和某些类型的微塑料（或被塑料吸附的额外毒素）的潜在毒性。它们在环境中和各种生物体内都呈现积累趋势。由于塑料种类繁多，化学成分各不相同，因此对野生动物和环境的长期影响是非常复杂的。

值得庆幸的是，公众对塑料在环境中扩散的认识正在提高，一些地区正在禁止或限制一次性塑料的使用。同样，包括美国和加拿

如何帮助？

- 避免购买使用一次性塑料包装的产品或食品，包括饮料包装容器。使用可重复充装的水瓶。
- 使用可重复使用的袋子去购买杂货和其他物品。
- 确保妥善回收不可循环使用的塑料。
- 小心谨慎地处理个人或商业渔具，包括渔线和渔网。
- 如果可能，避免购买带有塑料环扣的罐装饮料，这些紧固件可能会缠绕并伤害野生动物和鱼类。你也可以在丢弃之前将其切开，以减少伤害野生动物的机会。

大在内的一些国家现已禁止在健康美容产品中使用塑料微珠。无论政府是否采取措施，我们都会在日常生活中努力减少使用塑料，尤其是一次性塑料。在用完我们确实需要使用的塑料后，我们要考虑二次使用或为其他用途重新使用这些塑料。当我们无法二次利用这些塑料时，我们必须要确保妥善回收它们，避免使其成为垃圾、污染物，或只是作为不必要的废物被送往垃圾场。

城市水污染源

城市是一个复杂的人文空间，密集地分布着住宅、商业和工业。为了给这些已建成的建筑物提供服务，我们留出了大量的土地用于建设配套基础设施，如道路、停车场、管道和电力走廊等。不管怎样，人类活动与造成空气和水污染的诱因有关。

我们很多人忘记了屋顶、道路甚至草坪的水最终会流入城市的小溪、河流和湖泊，当然也包括被冲入下水槽和厕所的污水。生活污水的一个来源是我们用于清洁和做其他家务使用的有害家居材料。生活污水和化肥中过量的营养物会造成水体污染问题，含有细菌的生活污水会导致严重的疾病。生活污水在处理上需要因地制宜。有些城市仍然将未经处理的生活污水直接排到水道中，有些城市则只有基础的污水处理厂。在家庭、污水处理厂和水过滤厂中，氯常被用于高效杀菌，但氯一旦进入溪流和湖泊，就会对野生动物造成威胁。

其他城市水污染源包括从道路上冲刷下来的油和盐，从大规模垃圾填埋场渗漏的液体废物，杀虫剂和除草剂残留物以及仍然有一些人往水槽中倾倒的有毒化学品。我们应该尽量减少有毒化学品的使用，并尽我们所能保持水体的清洁。毕竟，无论是来自地下水井还是来自附近的湖泊，最终都会成为我们的饮用水。

夏季雷雨的影响

在夏季湿热的日子里，许多地区常见雷暴雨。雷暴雨期间，降雨量会很大，在大多数城市，这些雨水迅速从屋顶、道路和车道流入下水道。

对于流域来说，这是一年中最糟糕的时候，因为大量的污染物与雨水一起被冲入河道和湖泊。大雨会冲刷出草坪和花园中的化肥和杀虫剂，额外的雨水会与下水槽和厕所的污水结合，导致下水道和污水处理厂超负荷。未经处理的污水中的过量营养物和细菌最终会污染河流和湖泊，许多城市在夏季雷暴雨过后经常关闭海滩浴场，作为保护健康的预防措施。小溪和大河都一样，大量的径流会形成危险的山洪暴发，溺水事件也并不少见。

这些夏季雷暴雨虽然有时非常猛烈，但通常短暂，太阳可能会在几个小时内再次出现。具有讽刺意味的是，经常可以看到人们在雨后给草坪浇水，这在生态或经济上都是不合理的。我们应该采取更加理智的行动，把这些雨水加以利用。让我们把水当作宝贵的资源吧！这在经济上也是有意义的，因为许多人都使用水费计量系统：我们用得越少，水费就越低。

污水处理和水过滤

你冲厕所的水去哪儿了？

当你打开水龙头时，水从哪里来？

在城市，流入下水道的水经过排水系统，通常情况下会进入污水处理厂。经过处理后再被排到湖泊和河流中。而许多城市就是从这些湖泊和河流中通过管道抽取饮用水，并将其输送到过滤厂进行处理。市政处理后的水通过分布广泛的管道系统输送给消费者。不在湖泊或河流附近的城镇会使用地下水。

我们经常从我们排入污水的水体中获取饮用水，这个事实相当令人深省。当你考虑到生活在城市里的成千上万人以及污水处理厂并不一定能很好地去除水中的有毒污染物的事实时，这更令人不安。当你在每个流域顺流而下时，就会发现水污染的积累作用越来越大。

排水系统

- 排水系统有几种不同类型。城镇可能使用一种或另一种类型，或者经常使用不同系统的组合。
- 在"合流制排水系统"中，来自屋顶、车道和道路的径流与来自下水道和厕所的水混合。在最佳条件下，所有这些水都会进入到污水处理厂。
- 在大雨期间，来自道路和屋顶的额外水量可能会使系统超载。这种"合流制溢流"（或 CSO）包括未经处理的污水，会直接排到水道中。
- 一些城市正在建造大型储流罐和管道来容纳溢流，直到处理厂能够处理为止。
- 许多新社区有独立的而不是合流的排水系统。"雨水管"输送来自道路、屋顶的径流。这些未经处理的水会流入河流和湖泊；雨水也可能进入沉淀池，这有助于减少污染。独立的"污水下水道"会将污水和洗涤水送至污水处理厂。

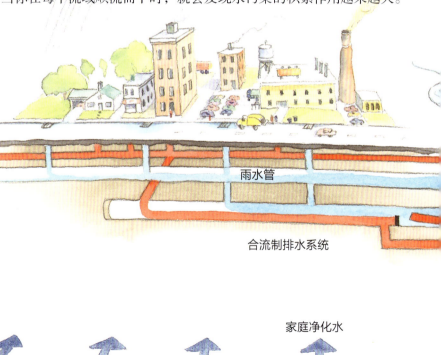

雨水管

合流制排水系统

家庭净化水

污水处理

- 在初级处理过程中，通过筛网或过滤器除去污水中的固体物质，并在大型沉淀池中沉淀悬浮固体物质。

- 二级处理或"生物"处理可减少污水中可生物降解的有机废物的数量。细菌和其他微生物通过生化作用分解污水中的污染物和有机物质，这个过程会消耗大量的氧气。

- 二级处理是一个重要的步骤，因为它降低了"生化需氧量"（或称BOD）。生化需氧量是表示自然分解污染物和有机物质所需要的氧气量。BOD 高的污水将耗尽接受污水水体中的氧气。

- 二级处理可以使用污水塘或带有"生物滤池"的大型储流罐来完成。"活性污泥法"是将污水与活性污泥混合并曝气，以确保微生物分解污染物。然后，用沉淀池分离出水和固体成分。

- 处理后，大多数污水处理厂会添加氯来杀死细菌，然后将水排到湖泊、河流或海洋。

- 初级和二级处理后遗留下的污泥处理仍然是一个问题。它或被送到垃圾填埋场，或被焚烧，有时也被用作肥料。

- 一些现代工厂增加了额外的"三级"处理步骤，可以进一步降低BOD，因为二级处理仅去除约 50% 的氮和 30%的磷。而且大多数设施不能去除有毒物质。

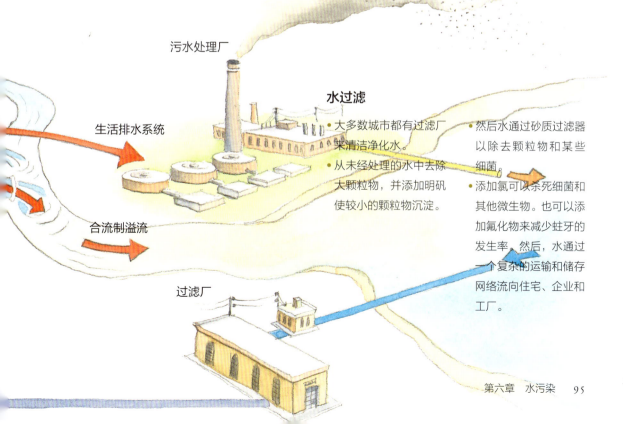

污水处理厂

生活排水系统

合流制溢流

过滤厂

水过滤

- 大多数城市都有过滤厂来清洁净化水。

- 从未经处理的水中去除大颗粒物，并添加明矾使较小的颗粒物沉淀。

- 然后水通过砂质过滤器以除去颗粒物和某些细菌。

- 添加氯可以杀死细菌和其他微生物。也可以添加氟化物来减少蛀牙的发生率。然后，水通过一个复杂的运输和储存网络流向住宅、企业和工厂。

另类污水处理

污水和雨水径流的最大问题之一是它含有高浓度的分解有机物。当细菌和其他微生物分解这些物质时，会消耗水中大量的氧气，这对众多水生生物会产生负面影响。

一些小型社区正在创建实验性过滤系统、人工湿地和雨水滞留池来处理污水和雨水。在这些替代工艺中，降解通常发生在类似沼泽的处理单元中，这些处理单元可以设置在室内也可以在室外。这意味着当地水道中不会有那么多的氧气被耗尽，因为流出水中分解有机物浓度较低（BOD 较低）。

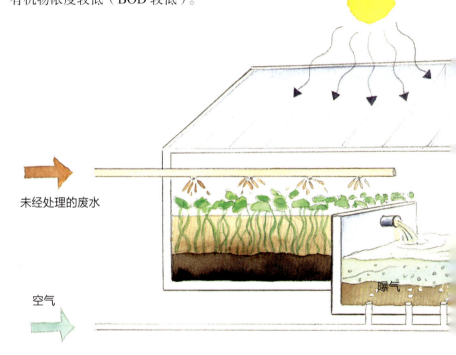

未经处理的废水

空气

曝气

香蒲等沼泽植物生长速度很快，因此能非常有效地从未经处理的水中去除大量的磷和氮。它们还能非常有效地吸收重金属污染物。不过，问题在于如何处理这些吸收了有毒污染物的植物组织。除了降解废物和吸收多余的营养物质，这些人工湿地还能模拟自然过程，帮助过滤水和去除沉积物。当水从人工湿地系统中流出来时，会变得更加干净，更加清澈。

雨水滞留池是新住宅和商业开发项目中日益普遍的配置要求。我们需要仔细研究，确保这些池塘或设施的规模足够容纳所谓的"下水道"中的水量。这些池塘旨在减少传统污水处理厂的压力，同时它们还能为各种野生动物提供栖息地。

人工湿地

沉淀过程

深度净化水

氮和磷污染：好东西也会过犹不及？

在许多地区，最大的水质问题之一是氮和磷的污染。在某种程度上，这个问题比农药或重金属污染更难理解。毒素的剂量无论大小都是有害的，且浓度越高危害性越大。而氮和磷的污染则不同，水生和陆生植物都需要这些营养物才能生长和存活。反过来，所有的动物也需要这些营养物，且通过食用植物或其他动物来获取。因此，氮和磷的核心问题在于其数量——数量过多，它们就会污染水道。

- 氮和磷通过多种途径进入水道。最大的来源是污水废弃物，牲畜粪便和来自农场、花园和草坪的化肥。

- 这些多余的营养物质穿过陆地直达支流，水循环将这些营养物质带到下游的湖泊中。流域越大，里面的农场和人口越多，问题就越大。

- 氮和磷都是造成污染这一问题的原因之一，但磷更令人担忧，因为植物生长需要的磷很少。对于磷来说，"有一点就足够用了"。

- 氮和磷过剩会导致藻类、蓝藻和其他漂浮水生植物快速生长。这些"水华"使水变得非常浑浊（或污浊）。在极端情况下，你站在深及脚踝的水中，却看不到自己的脚趾。

- 当水被这种藻类水华覆盖时，阳光无法照射到水体的深处。离水面较远的植物将死亡并沉到湖底。

- 大量死亡的动植物会在湖底堆积，导致氧气消耗殆尽。分解这些物质的微生物需要消耗大量的氧气，最终消耗掉湖底大部分或全部的氧气。有时还会出现肉毒杆菌中毒。

- 生活在水底的鱼类和其他依赖氧气的物种则会处于危险之中。在某些年份，会出现大量的鱼类死亡事件。随着氧气水平的下降，生物多样性也会减少。

- 在夏天，湖的表层（或温跃层）与深层（或湖下层）并不交融。这意味着表层水中的氧气无法补充水底消耗的氧气。

- 这是人类造成的湖泊富营养化（或营养物富集）的一个例子。这一问题在湖泊中比河流中严重得多，因为在夏季湖泊表层水和深层水的交融较少。

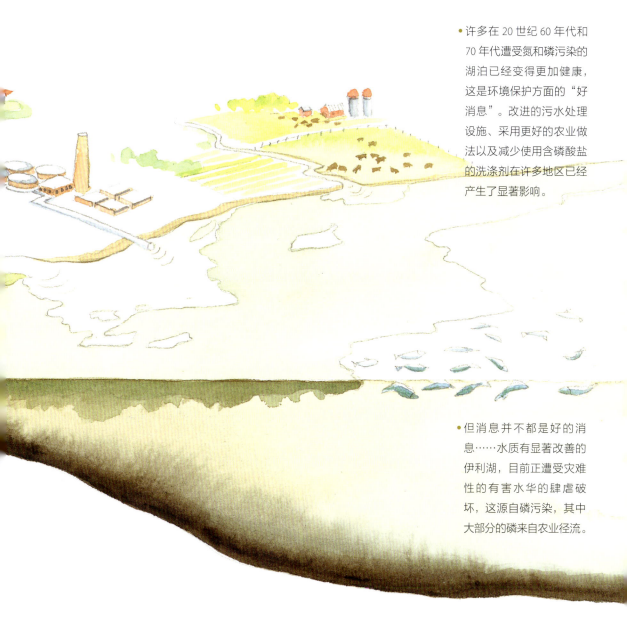

- 许多在 20 世纪 60 年代和 70 年代遭受氮和磷污染的湖泊已经变得更加健康，这是环境保护方面的"好消息"。改进的污水处理设施、采用更好的农业做法以及减少使用含磷酸盐的洗涤剂在许多地区已经产生了显著影响。

- 但消息并不都是好的消息……水质有显著改善的伊利湖，目前正遭受灾难性的有害水华的肆虐破坏，这源自磷污染，其中大部分的磷来自农业径流。

农业和农村水污染源

困扰城市地区的水污染问题在农村地区同样存在。以杀虫剂、除草剂、杀菌剂和其他所有"杀虫剂类"为例，无论是在城市还是在农村使用，这些化学品都会通过土壤渗到地下水或流入溪流和湖泊，从而对许多地方的生态环境造成破坏。

现在使用的大部分产品都是化学寿命较短的，这意味着它们能很快地降解成危害较小的物质。这会使它们比早期的杀虫剂危害更小，如滴滴涕，其毒性可保持约50年。尽管它们能有效杀死某些害虫，但对于各种生物的长期健康和环境影响仍有许多没解决的问题。典型的化学寿命较短的产品是新烟碱类杀虫剂，在近几十年，它的使用量显著增加。新烟碱类杀虫剂广泛用于农业防治害虫，通常通过处理过种子的形式进行使用。虽然它们的毒性比许多前代杀虫剂低，但它们可以溶解在水中并在环境中持久地存在。由于人们越来越关注新烟碱类杀虫剂对蜜蜂和其他昆虫以及鸟类等其他野生动物的影响，不少国家已经开始限制或正在考虑限制使用它们。

化肥和牲畜粪便中含有植物生长所需的原始养分。因此，它们通常用于提高作物产量，防止土壤贫瘠。虽然这不是坏事，但它们可能会导致未来出现重大问题。一些肥料和粪便最终会被冲进水道，这种情况在暴雨和春季融雪期间尤其可能发生，特别是在农田和牲畜牧场靠近水体的地方。

在北美大型排水系统中分布着数千万个农场和乡村别墅。过量养分进入水道的放大效应会导致湖泊和河流富营养化和缺氧。肥沃的表层土本身也会被冲走，进一步导致了化肥数量需求的增加，并使河道堵塞。幸运的是，过去的 15 年，这些情况得到了显著改善：耕作技术和污水处理效果越来越好，磷的使用量也在减少。

乡村别墅和农村农舍会因为污水处理系统出现故障而出现污水泄漏现象，从而增加农村水污染。这应该是农村居民最关心的健康问题之一，因为农村地区大多数人的饮用水都来自水井。没有人希望因人类或动物粪便中的细菌而感染疾病。同样，饮用水中即使含有含量很低的化学污染物，也会对健康造成未知的长期风险，这也是居民非常关注的问题。

我如何帮助？

水污染

在我们的住宅、农场和乡村别墅中，我们每个人都可以做很多简单的事情来减少水污染。无论是正确维护化粪池系统，还是避免使用有毒清洁用品或杀虫剂，积极的行动都有助于最大限度地减少对环境的负面影响。通过向行业和政府倡议，我们可以让其他人知道，清洁用水和环境责任对我们所有人来说都至关重要。虽然工业需要整顿，但个人也必须尽己所能提供帮助。

节约用水也有助于减少污染。节约用水会减少污水处理厂和过滤厂使用氯处理的水量。它也会降低下水道溢流的风险，并使更多的水留在河流、小溪和地下蓄水层中。这对野生动物有益，对我们自己也有好处，因为许多地区在一年中的某些时候会出现缺水现象。节约用水也可以帮我们省下很多的水费和污水处理费用。

多孔车道

路边排水沟

居家周边：户外帮助

- 道路用盐对许多动植物来说都是有害的。尽可能人工铲除人行道和车道上的雪，也可用沙子代替盐。

- 在清晨无风的时候给草坪浇水。如果在炎热或多风的时候浇水，大部分水会蒸发掉，留下的是一大笔水费和干旱的草坪。

- 尽量使用当地的洗车服务。这也许是很好的环保解决方案，因为许多洗车店都用循环水。

- 清扫人行道和车道而不是用水管冲洗，或用园林吹风机清除草屑和树叶。

- 为了让草坪保持健康并减少浇水的需求，请保持割草机的刀片锋利，并设置为5~6厘米的切割高度。根据土壤和气候选择适合的草种。保持草坪健康也是避开昆虫、害虫和杂草的最佳方式。

- 让草屑留在草坪上作为免费肥料。落叶也是免费肥料，非常适合你的花园。它们可以提供必需的营养，如碳和氮，并遮蔽土壤，减少浇水的需求。

- 用手拔掉杂草或学会与它共存。联系你当地的园艺供应商，咨询关于杀虫剂和化肥的有机替代品。

- 使用本土地被植物替代草坪，"自然化"你的庭院。这将节省你的时间和精力，并能为本土野生动物提供家园。

- 将排水沟与排水系统断开，并将雨水收集到桶里。连接一根软管，在你的花园里使用这些"免费"的水。

- 减少排入下水道的水量是有益的。例如，砾石车道意味着雨水会渗透到土壤中并自然过滤，而不是直接流入下水道。使用雨水桶和其他节水措施有助于此。

- 在家里和花园里，确保安全处理有害材料。现在大多数城镇和城市都有安全处理中心或上门收集服务。

- 避免在家里和花园周围使用化肥和杀虫剂。

雨水桶

污水下水道

雨水管

居家周边：户内帮助

- 安装节水型花洒，缩短洗澡时间，少用洗澡水，并安装节水型马桶。
- 刷牙或剃须时关闭水龙头。
- 在所有水龙头上安装节水器，可以减少用水量并保持高水压。
- 立即修理漏水的水龙头。另外，往水箱中加几滴食用色素，检查马桶是否漏水——如果漏水，在池中会有颜色痕迹。更换损坏的零件很容易。

- 在冰箱里放一壶水，而不是长时间打开水龙头以获得凉水。此外，你可以在部分装满的水槽或容器中清洗水果和蔬菜，然后再用水冲洗。
- 仅在满载时使用洗碗机和洗衣机。不要使用食物垃圾处理机，因为它们会浪费水资源并增加湖泊和河流中的 BOD。
- 开始堆肥处理蔬菜废物，以减少 1/4 以上的垃圾。它们是极好的花园肥料！
- 确保有害的生活垃圾最终不进入垃圾箱，因为它们会从垃圾填埋场渗入土壤和地下水。
- 避免购买有毒产品，使用替代品。例如，用稀释的醋溶液清洁窗户，然后用旧报纸擦干。

我如何帮助?

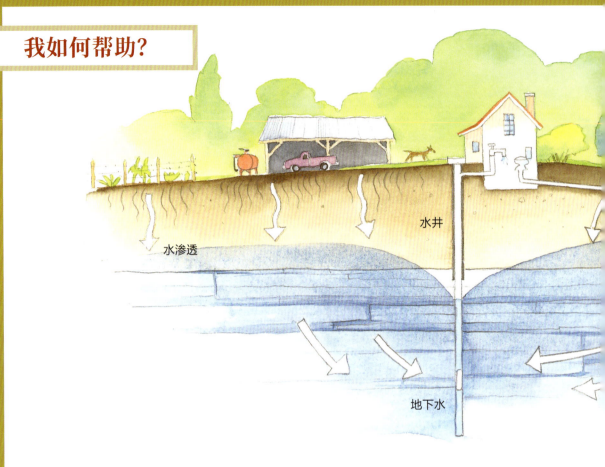

水渗透

水井

地下水

在农场

- 用围栏围养牲畜，远离河流和湖泊，以减少土壤流失以及粪便及沉淀物造成的污染。

- 粪便可以安全地储存在有遮盖的水泥储存区，并作为农田肥料来源。固体肥料应撒在干燥的地面上，并在一天内耕翻完。液体肥料应直接注入土壤中。

- 切勿将粪便撒在冰冻或非常潮湿的农田上，也

不要在下雨时施肥，因为大部分粪便会被冲走。这会污染水道，并浪费肥料。

- 实行轮作，并留有休耕期，以便通过分解和固氮作用自然补充土壤中的氮。

- 在沟渠、溪流、池塘和湖泊沿岸保留永久性的树木和灌木等作为自然缓冲区。这将减少土壤流失，遮阴水体，为

鱼类和钓鱼人保持阴凉，并提供野生动物栖息地。

- 保留植物残体（即植物根茎），以减少表层土壤侵蚀。富含营养和矿物质的表层土壤减少是农业地区面临的最大环境问题之一。

- 沿着等高线耕作而不是沿着斜坡直线上下耕作，以减少土壤侵蚀和对肥料的需求。

- 种植防风林，有助于减少风引起的土壤侵蚀。通向农田的路上长满草比裸露的土壤更好。

- 仅在必要时使用肥料。消除或尽量减少使用化学杀虫剂、除草剂，并研究危害最小的产品。

- 在无风的早晨灌溉农作物，以降低蒸发造成的水分流失。

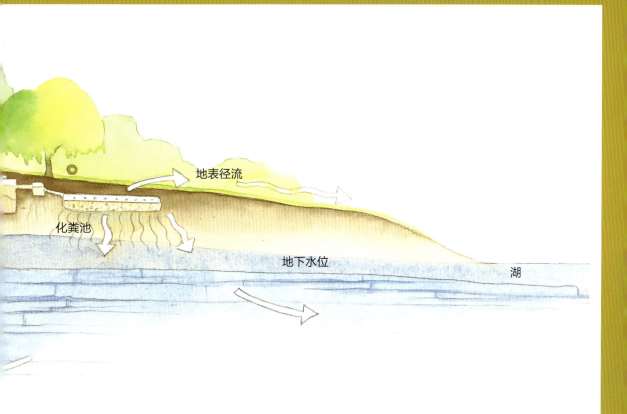

地表径流

化粪池

地下水位

湖

农村住宅和乡村别墅

- 大多数农村住宅和乡村别墅都有化粪池系统来处理污水，该系统可以有效去除多余的营养物质并减少细菌。必须正确安装、维护它们，或偶尔抽空以保持最大效率。

- 渗漏或无功能的化粪池系统可能会造成细菌污染。

- 居住在农村或乡村别墅的居民从井里，或有时从湖中获取饮用水。如果这些水源被化粪池或农场污染，人们可能会得重病。

捕鱼和狩猎

- 猎枪弹丸造成的铅中毒是鸭子、鹅、鸽子和其他动物死亡的原因之一。鸟类吃小鹅卵石和沙砾，这些东西会留在鸟类的胃中以帮助消化。不幸的是，铅弹也可以被食入，这会影响鸟类的神经系统。加入到越来越多的使用钢丸代替铅弹的行列吧。

- 用于钓鱼的铅坠是导致潜鸟和天鹅等大型鸟类铅中毒的另一个主要原因，这些鸟类可能会误食铅坠。因此请使用环保坠子代替铅坠。

- 许多州和省份正在强制要求使用钢丸，特别是在猎取水禽时。

- 小心处理个人和商业渔具，包括渔线和渔网，以免对野生动物造成危害。

环境友好的清洁剂

每天，我们所有人都可以采取简单的步骤来帮助减少对环境的影响。我们可以尽量减少使用危险的家用和园艺产品，并确保小心处理它们。我们可以用无磷的肥皂和洗涤剂。我们可以购买很少或没有包装的产品，并重复使用我们自己的购物袋。通过把厨房蔬菜垃圾堆肥，我们可以减少至少 25% 的垃圾。如果我们还回收纸张、塑料、金属和玻璃，除极少数生活垃圾外，我们可以消除所有的其他垃圾。在花园里，我们可以把树叶堆肥，我们还可以施用天然肥料，但要避开暴雨。在家里、花园和工作场所减少用水，以帮助减少水污染并保护宝贵的水资源。

减少、再利用和回收利用这 3 个建议都是简单的环保建议，通常还可以节省开支。我们都可以做的另一件事情是使用"生态替代品"来代替刺激性强的商用、家用清洁剂和园林杀虫剂。它们同样有效，而且通常花费要低得多。你知道吗？仅用小苏打和白醋几乎就可以清洁任何东西，或者在花园里，蚂蚁和蚜虫都会避开薄荷植物。

记住，以下的建议只是开始。

另类清洁剂

通用清洁剂

- 将水和小苏打混合，制成可以清洁水槽、马桶、烤箱和锅的洗涤剂。如果锅里有烤焦的食物，加入沸水，浸泡一会儿再清洗。用少许洗涤剂与小苏打混合可清洗油腻的表面。

空气清新剂

- 在盘子里放一点醋或小苏打可吸收异味，或保留带有香料或花香味的香包。在冰箱和冰柜中放一盒小苏打。

下水道堵塞

- 为了避免堵塞，要防止固体垃圾、油脂和头发进入下水道。在厨房的水槽和淋浴间放置下水道滤网，偶尔向下水道中倒一点盐和热水。如果出现下水道堵塞的情况，用疏通器或管道工的"蛇形管"来疏通堵塞。然后，向下水道中倒入 30~60 毫升小苏打和 125 毫升的醋，盖上盖子并等待约 15 分钟。最后，往下水道中倒入热水。如果需要的话，继续使用疏通器！

洗涤剂和肥皂

- 始终使用无磷产品。

地板

- 用海绵拖把擦地板时，用 125 毫升醋和 3.785 升水的溶液把拖把浸湿再拖地。

家具光亮剂

- 在涂有清漆、油漆或虫胶漆的木制品上，先用湿布擦，再擦干。或者自制家具光亮剂装在喷雾瓶中：30 毫升橄榄油或植物油、15 毫升醋或柠檬汁和 1 升水混合。之后，你可以在上面撒上玉米淀粉并擦拭以获得高光效果。
- 对于未涂漆的木材，可以自制光亮剂装在喷雾瓶中：15 毫升柠檬油与 500 毫升矿物油混合。只需将自制光亮剂喷在木制品表面并擦干即可。

玻璃器皿、镜子和台面

- 将 30 毫升白醋与 1 升水混合装在喷雾瓶中。喷洒并用报纸擦拭。

油渍

- 用小苏打或温和的清洁剂和水擦拭。在油腻的地方上加入少许盐，等干燥后洗掉或刮掉残留物。

室内蚂蚁

- 如果家中受到蚂蚁的困扰，确定它们从哪里进入，用粉笔或红辣椒粉。画一条线来阻止它们。保持厨房清洁，将食物存放在密封容器中，用浓度较高的醋溶液清洗台面。

喷雾淀粉

- 将 15 毫升玉米淀粉与 500 毫升水充分混合，喷洒并熨烫。

去污剂

- 将水和小苏打（或玉米淀粉）混合成糊状物来擦洗污渍。

马桶清洁剂

- 将小苏打撒在马桶中，然后用马桶刷擦洗。

牢记：切勿将含氯漂白剂与其他化学物质混合，包括马桶清洁剂、氨水、除锈剂，或酸（如醋或柠檬汁），因为会产生有毒气体。

7 第七章
外来入侵物种的影响

虽然人们已经认识到化学污染物或工厂向大气中排放的烟雾对自然系统的长期影响，但有一种形式的污染根本不易察觉。那就是外来植物、动物和其他生物入侵问题。

外来物种可能会出现在地球上每一个地区的水域和陆地。由于没有天敌和竞争者，再加上繁殖潜力大，新来的物种往往能够顺利扎根，且数量会急剧增加。即使数量稳定下来，这些外来入侵物种也会对原生生态群落产生极其有害和深远的影响。一些外来物种数量如此之多，以至于减少了本土物种的数量和种类，从而对生物多样性产生了不利影响。

水生生态系统提供了外来物种影响的显著例证。在北美各地，人们一直在湖泊和河流中放养外来鱼类。在许多情况下，鱼类群落几乎完全是人工引入的。虽然这可能为一些人提供了休闲机会，但许多本土鱼类和野生动物物种却因此急剧减少。这反过来又对其他渔业产生了负面影响。

一个典型的例子是 20 世纪 80 年代，在五大湖下游首次发现的斑马贻贝和斑驴贻贝的入侵。这些拇指指甲盖大小的无脊椎动物迅速扩张，截至 2021 年，在加拿大的几个省和美国的几十个州都能发现它们的踪迹。这两种入侵的贻贝以食物链底端的微小藻类为食，并在已建立的天然食物网中与其他生物竞争。这些不受欢迎的入侵者对其他野生动物和水生生态系统具有生态破坏性。

外来物种在湿地和陆地上也会产生类似的破坏性影响，而且，总体模式是相同的。一旦站稳脚跟，外来物种就会广泛传播，并通过竞争或捕食导致本土物种的灭绝。一些非本土物种，如千屈菜和挪威槭，会变得非常茂盛，以至于它们形成了仅由单一物种组成的庞大区域。这些单一物种不仅降低了植物的生物多样性，也降低了外来物种到来之前与栖息地相关的无数本土无脊椎动物和脊椎动物的生物多样性。

在世界各地，外来物种的引入对原有生态群落产生了巨大影响。一些本土野生动物和植物受到损害，种群数量减少，物种因此濒临灭绝。虽然物种确实会自行扩大和改变其分布范围，但至少可以说，人类极大地加速了这一进程——无论是意外还是有意的。如果这些物种要自行扩张，大部分可能需要数万年或数十万年，如果有的话。外来入侵物种的泛滥是造成生物多样性丧失的主要原因之一。

斑马贻贝和斑驴贻贝

- 这些硬币大小的无脊椎动物繁殖能力极强，可以用一层由小而锋利的贝壳覆盖水底。它们能完全堵塞进水管道，并使游泳变得非常不愉快。

- 这些贻贝通过滤食方式从水中获取浮游生物，与本土物种竞争并去除原本会被浮游动物、本土无脊椎动物和鱼类利用的营养物质。

- 由于这些贻贝的滤食行为，水体中光线穿透性增强，这也可能是导致大型水华形成的主要因素，而水华又与肉毒杆菌中毒有关。

- 它们还大量附着在本土贻贝、蛤蜊和无脊椎动物的贝壳上。在这方面，斑马贻贝是这两种入侵者中威胁更大的。

千屈菜、播娘蒿和芦苇

千屈菜是一种极具吸引力的外来植物，在浅水湿地生长得最好。与许多外来植物一样，由于缺乏天敌，该物种得以迅速蔓延。千屈菜每年能产生数百万颗种子。一旦扎下根，千屈菜便会快速占据湿地的主导地位，并扼杀本土物种，依赖本土植物的野生动物可能会因此而消失或流离失所。

播娘蒿是一种小型的外来草本植物，在林地和自然地区具有高度入侵性，主要分布在北美东部和中部。它繁殖能力强，能形成茂密的植株，经常在自然地区大肆蔓延，取代本土植物。除了争夺光照、水分和养分外，播娘蒿还会释放抑制其他植物生长的化学物质。

入侵的芦苇是一种大型的非本土植物，一直在非洲大陆大肆蔓延。它是半水生的，生长在浅水中。它生长得非常密集，并通过地下根茎和种子迅速传播。它的高度能超过 5 米，胜过许多本土植物。一旦扎下根，就极难控制。

七鳃鳗和入侵性鲤鱼

七鳃鳗有一张粗糙的、像吸盘一样的嘴，能固定在大鱼的皮肤上。一旦吸附着上，它们就会从不幸的宿主身上吸食血液。七鳃鳗通过韦兰运河和其他航道进入伊利湖和五大湖上游。这种外来入侵物种的出现是导致湖鳟种群几乎灭绝的一个主要因素，同时也损害了白鲑鱼的商业捕捞。目前已采取控制措施来控制七鳃鳗的数量。

四种外来入侵性鲤鱼正在非洲大陆的流域传播。银鲤、鳙鱼、草鱼和青鱼都是又大又重的鱼。银鲤和鳙鱼消耗大量小型浮游生物和无脊椎动物，影响生态系统的基础；草鱼和青鱼分别主要以水生植物和无脊椎动物为食。银鲤因其听到巨大的声响时会跃出水面（高达 3 米！）的习性而臭名昭著。

湖鳟鱼和寄生的七鳃鳗

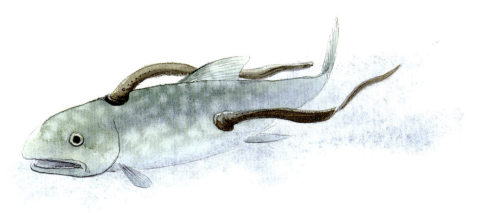

挪威槭和翡翠灰螟

挪威槭于 19 世纪末被引入北美洲，用于园林美化。此后，它被广泛"归化"，并已经可以取代原生森林。像许多外来入侵植物一样，它也会产生大量的种子。挪威槭创造了非常浓密的遮阴条件，这对许多本土树种、灌木和野花生长来说是不利的。在一些地区，挪威槭形成了近乎单一种植的森林，很少或根本没有林下或地被植物，由此造成的生物多样性丧失影响到了这片区域的所有动植物。

翡翠灰螟是一种非本地害虫，可能在 20 世纪 90 年代，它隐藏在运输箱和木材中抵达北美洲。在二十多年的时间里，它已遍布美国东部和中部地区以及加拿大南部，影响了大多数白蜡树种。这种亮绿色的成虫以白蜡树的叶子为食，在树枝上产卵。幼虫钻入树中，以外部木材和内部树皮中的活组织为食。当幼虫进食和生长时，它们会在树皮内形成大量孔道，最终阻断水和养分的流动。受影响的白蜡树大多数会死亡。

• 挪威槭浓密的树荫意味着树下面几乎没有植物可以生长。这种类型的森林几乎没有生物多样性。

我如何帮助？

外来物种

- 只要可能，种植你所在地区的树木、灌木、藤本植物和草本植物。
- 如果你必须种植非本土物种，首先核查一下，如果它们从你的花园蔓延出去，是否有可能成为一个难题。例如，尽管千屈菜的生态记录声名狼藉，但一些苗圃仍出售了多年。

- 避免意外传播水生外来物种。如果你把船（包括独木舟）从一个湖运到另一个湖，请检查并确保你没有意外携带任何"搭便车者"。刮去船体上的斑马贻贝和斑驴贻贝，清理掉所有舱底污水。许多入侵物种的幼虫和成虫都太小，肉眼根本看不到。

- 不要让宠物（猫、狗、龟、鱼等）进入野外，因为它们可能成为本土野生动物的捕食者或竞争物种。为它们找一个合适的家，在购买宠物前请三思而后行。

- 劝阻政府机构和户外活动团体在河流和湖泊中放养非本土的鱼类和兽禽。

原始森林

- 原始森林通常包含丰富多样的树木和其他植物物种。最大的树木构成了林冠，较低的植物构成了林下植物和地被植物。这种植物多样性为各种各样的野生动物提供了栖息地。

8 第八章
栖息地丧失与退化

　　人类给地球造成的最严重的伤害之一就是通过城市化建设、农耕、兴修水利等活动使自然栖息地遭到彻底破坏和丧失，影响了生物多样性。生物需要在无污染、适宜生存的栖息地中存活。当砍伐了森林、开垦了草原，或修建了道路后，当地的动植物必然会受到影响。我们必须不断采取措施减少对自然环境的破坏，并想方设法修复受损的自然栖息地。

　　图中展示了一个典型的栖息地变化过程：一个树木繁茂且水源充足的自然环境在 300 年间发生的变化。首先，一些人来到这片湿地，将临河的树木砍伐掉，用于农业耕地，并建立了居民区。然后，人员不断聚集，逐渐形成村镇，人口持续增长，更大面积的树木被砍伐，逐渐形成了更大的人口聚居地，即城市，城市继续扩张，又占用了农业耕地。这种典型的模式正在全球的各种自然栖息地上不断重复，从原生草原、森林到荒漠。然而，每隔一段时间，当边缘农田被遗弃，经自然演替后又恢复到原始状态，这种趋势就会发生逆转。

典型的栖息地变化过程

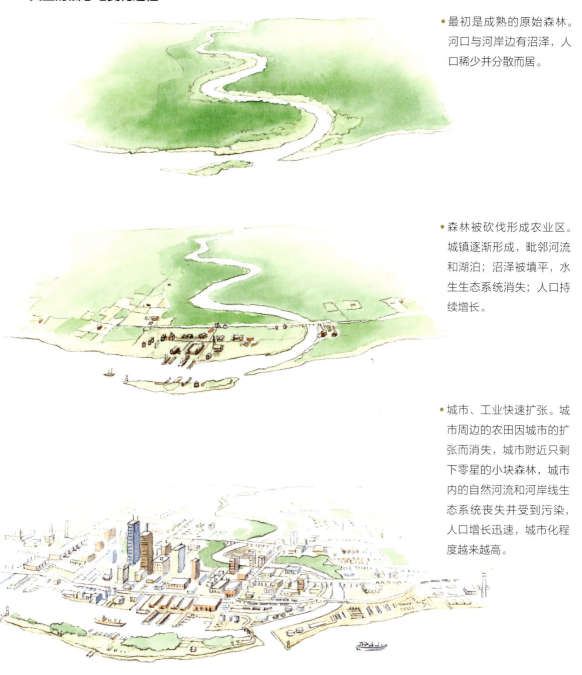

- 最初是成熟的原始森林。河口与河岸边有沼泽，人口稀少并分散而居。

- 森林被砍伐形成农业区。城镇逐渐形成，毗邻河流和湖泊；沼泽被填平，水生生态系统消失；人口持续增长。

- 城市、工业快速扩张。城市周边的农田因城市的扩张而消失，城市附近只剩下零星的小块森林，城市内的自然河流和河岸线生态系统丧失并受到污染，人口增长迅速，城市化程度越来越高。

对水流的干扰：水坝和其他有危害的设施

日复一日，年复一年，水一直在流域和全球范围内进行着不知疲倦的旅行。这种自然的水循环持续不断地进行着，而人类的各种活动已经干扰了这一过程。

人类创造出的最大、最明显的妨碍水循环的设施就是水坝。历史上，水坝曾被用作磨小麦粉和切割原木的能量来源。随着时间的推移，水坝逐渐增多，规模也越来越大。水坝可以提供清洁的水力发电，无污染、无辐射，还可以很方便地为作物供水。我们还可以利用水坝防洪，但需要对水文参数进行密切监控。当严重的暴风雨与水坝储水和泄洪人为调控失误同时发生时，往往会造成重大的洪涝灾害，例如发生在密西西比河、萨格内河、红河等北美各地的严重洪水事件。

然而，水坝的存在显著影响了自然环境。水坝完全改变了水生生态系统，使原来的河流生态系统变成了湖泊生态系统。这将影响那些兴建水坝前已经适应了流水和富含溶解氧的生物，也影响了沿岸和陆地上的生物。一旦水坝建成，水面上升，沿岸植物会被淹没而腐烂，水中溶氧量随之下降，尤其是在水库的最深处。夏季时，水坝带来的这种水体生态问题更为严重，因为此时从空气中吸收氧气的表层水不会与较冷的深层水混合。在新建水坝的水库，鱼类、野生动物和人类体内富集甲基汞污染物而中毒是个严重问题。此外，水坝阻断了鱼类的传统洄游通道，并在上游截留了水体中的营养物，从而使下游水体营养含量不足。

人类行为还造成了其他与水循环有关的重要环境变化。例如，大片森林的砍伐对整个流域有很大影响：各流域中的大量植被会吸

气候

- 当大量植被被去除后，土壤过度干燥，表面径流会很快消失。缺乏树木也会引起当地湿度的下降，因为树木可通过其叶片的蒸腾作用向空气中释放水分。
- 整个地区变得越来越干旱后，下风向地区的降水量会减少。
- 结果，当地溪流的水量减少，地下水位下降。

收大量的水分，可减少径流、预防侵蚀、增加土壤含水量，有利于土壤生物生存和树木生长，并有助于补充地下水，而高地和临河地区植被的清除，则增加了发生洪水的风险。

流域内大量植被的消失还会影响气候。当地面植被覆盖度较低时，土壤中的水分蒸发速度加快，微环境变得不那么潮湿了，就会影响其中的物种多样性。若是大面积失去植被，该区域的天气就会受到影响，会导致降水量减少。

地下水是人与自然非常重要的水资源。当大量地下水被抽出用于城市、农业或工业时，珍贵的地下水储量将下降，更严重的会引发诸如当地供水不足、周边的天然水源地（如小溪、泉眼、水井）干涸等问题。当这些情况发生时，人类必须用卡车运水或建设管道输送水，以解决人类缺水的问题，而当地的植物和野生动物将依然处于干旱缺水状态。

许多河流水资源被用于农业灌溉、供养城市以及沙漠治理，从而导致了水资源的枯竭。例如，科罗拉多河在沿线有大量的水被抽取，导致其在流至太平洋入海口时已几近干枯。一条河流无法完成从源头到自然入海的旅程是很可悲的。同时，下游淡水与营养物的缺乏也会影响河口处的环境健康。如此大规模的取水和含水层枯竭是不可持续的。也许，我们应重新思考应该在哪里种植喜水作物，在哪里建立重要的新城市。毕竟耐旱植物生长在干旱地区，而需要大量水分的植物生长在雨林地区都是有原因的。

腐烂的土地

水库

河流

腐烂的植被

水坝

- 水坝阻断了鲑鱼、鳟鱼、鳗鱼等鱼类的洄游。

- 适宜生长在流动的水体和河流高溶氧环境中的物种被取代。

- 水库深层底部的植被的分解会消耗氧气，夏季分解旺盛，水中氧含量可降至极低水平。

- 甲基汞对野生动物和鱼类的毒害是新建水坝的一个关注的重点。

- 只有需要发电时，水库才会开闸放水，所以有水坝的河流流量峰值（以及营养物）通常在冬季到来。但是，水生生态系统适合在春季接收养分并达到水量峰值，因此，水坝破坏了自然循环。

水坝

发电站

泄洪道

- 当兴建水电项目时，水淹没的区域有时会大到超过一些国家的面积，这对生态环境影响巨大。
- 北美各流域有数十万座规模不等的水坝，既分布在人口最为密集的城市附近，也分布在极为偏远的地区。
- 建在偏远地区的水电站需要建设输电线路走廊，这些走廊分割了自然栖息地，高压输电铁塔和电线也会对迁徙的候鸟造成危害。
- 电力公司不断在偏远河流规划大型水电开发项目。在建设新的水电开发项目之前，应在节能措施方面做出更多努力。
- 尽量保持河流的自然状态，从节约用电做起！

林业问题

数百年前，当第一批欧洲移民到达北美洲时，这里有一望无际的森林。除了大草原、沙漠地区以及遥远的北方地区外，几乎所有的美洲新大陆均被森林覆盖。许多新移民想在新大陆进行农耕，但这里的环境似乎极度不适合，他们需要征服这片森林——开垦荒地，建造家园，然后开始耕种土地。

不过，对于一些新移民而言，森林本身就是一种待开发的资源。来自原始森林的高品质木材产品在不断发展的北美与国外市场备受追捧。例如，在 19 世纪时，白松在魁北克、安大略和新英格兰地区数量丰富且需求量大。当时，森林里到处都是伐木工人、伐木营地，并充斥着大锯锯树和斧头砍树的声音；春天冰雪消融，标志着激动人心但又危险的原木运输季节的开始，运木工人会将方形木材运送到在港口等待的船只上。

在 20 世纪和 21 世纪初，不断有新移民来到北美大陆，定居在各个地区，人口数量激增。人口的指数增长与日益机械化的林业相匹配，林业的业务范围也在不断扩大。林业已发展为一项具有相当可观经济效益和政治影响力的事业。但是，这项事业直接或通过道路等配套基础设施等间接地影响了当地的森林与生物多样性。

**森林不仅仅
是一堆树。**

伐木方式

北美洲各地的伐木方式各不相同，体现在砍伐的树种不同、所在地形不同、伐木公司对生态的敏感性不同等方面。伐木业一直是许多环境争议话题的焦点。当树种复杂的天然林被砍伐时，其中的植物和野生动物的天然生物多样性就会受到影响。当林业公司在这个地区重新造林时，通常只种植少量树种（常常仅有 1~2 种）。尽管地表再次变绿了，但这里的生态系统已经发生了巨大变化，天然林减少了。林场与原来的天然林是不相同的。

成熟的天然林

- 成熟的天然林包含各种各样的树木、灌木和草本植物。"原始森林"是从未进行过商业采伐的原始、稳定、古老的森林，它们拥有丰富的动植物群落物种多样性。

- 这种森林有多层植被，从小型地被植物到林下灌木和小乔木，再到最高的森林巨树。
- 多种多样与广袤的森林覆盖，固定了土壤，减少了侵蚀。落叶与树枝为土壤增加了养分。广阔的森林有助于保持土壤水分。

- 完全成熟的天然林中植物种类繁多，垂直分层，可提供许多类型的栖息地，这就解释了为何其中的动物具有高度的生物多样性。

许多情况下，森林被砍伐后人们并没有重新植树，自然演替过程必须重新开始。除非出现严重的土壤流失，否则这片土地上将会逐渐长出新的森林，部分野生生物会在短期内受益。但是，当出现大面积森林被砍伐时，许多野生生物将会受到栖息地干扰的威胁，尤其是像林地驯鹿等需要大片森林栖息地的大型哺乳动物。

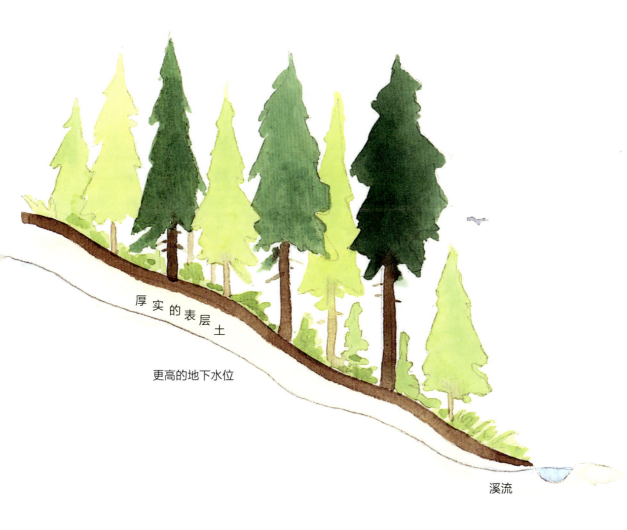

厚实的表层土

更高的地下水位

溪流

来自树木的种子

树木固定土壤

更高的地下水位

落叶和树枝堆积提供养分

择伐

- 在择伐中，林务员标记出一些树木，然后伐木工人砍伐它们。在这种情况下，原始森林的大部分得以保留下来，并能自然再生，水土流失、河流破坏和栖息地完全丧失的风险非常有限。

- 然而，使用重型设备会损坏树木、刮坏土壤，并会传播入侵植物的种子。择伐会伐掉最健康的树木和最有用的树种，这会影响森林的整体物种组成。一些择伐者有极强的"选择性"，会针对森林中的一种树种进行全面砍伐。

- 伐木公司指出，根据斜坡的陡峭程度和森林的类型不同，在某些环境条件下择伐是不可行或不安全的。例如，在北美洲北方森林地区的纸浆和造纸业通常不采用选择性砍伐，因为那里的树木体积小、市场价值低。

皆伐

- 皆伐是砍伐给定区域的所有树木。
- 这种方法在北美洲北方森林地区广泛使用，那里的云杉和冷杉用于生产纸浆、造纸或建筑施工。在运营成本高的山区和偏远地区，也广泛采用皆伐。

- 当所有的树木都被砍伐运走时，木材中的营养物就会从该生态系统中失去，土壤会变得贫瘠。相比之下，森林经过火灾或虫害后，许多营养物还仍然留在原地。

- 皆伐会增加土壤被侵蚀的程度，尤其是山丘或山坡上的森林被皆伐后造成的土壤侵蚀更严重。在某些情况下，地表植被和表层土都会流失，只剩下光秃秃的砾石和沙子，使得森林再生变得困难或无望。

- 没有森林覆盖后，地表水分蒸发加快，地下水水位下降，就会导致土壤干燥，并引起该地区的溪流干枯。
- 现在，皆伐后重新植树造林的做法已被广泛采用，以降低土壤侵蚀的风险，并有助于重建森林。然而，在大多数情况下，只有一两个树种被重新种植，导致多样性的森林群落逐渐消失。

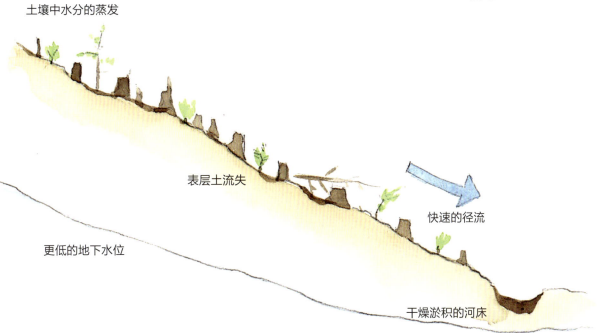

土壤中水分的蒸发

表层土流失

更低的地下水位

快速的径流

干燥淤积的河床

其他的林业问题

还有许多其他的环境问题与林业有关，其中包括过度使用杀虫剂来控制昆虫和疾病所带来的污染、伐木道路和在斜坡地区皆伐造成的土壤侵蚀、由于失去遮阴而引起的林中溪流水温上升，以及纸浆厂和造纸厂带来的空气污染和水污染等。

- 伐木道路可以使人们比较容易地进入森林深处，但导致了原本不受外部干扰的野生动物的栖息地越来越少。道路还会破坏捕食关系的自然平衡。

- 若在河流或溪流沿岸进行伐木，岸边的淤泥和泥土最终会落入水中，这可能会使鱼类窒息而死，也会杀死其他水生生物。当伐木道路穿过溪流时，也会出现同样的问题。

- 砍伐过程中，倒下的原木和伐木碎片被冲入河流后会阻塞鱼类的洄游通道。
- 若无树遮阴，穿林而过的河流水温会升高，对于一些生物而言可能会不利于其生存。

- 伐木公司应在水道沿线和敏感的生物栖息地周围留出宽阔的缓冲带，并划出重要的自然保护区。

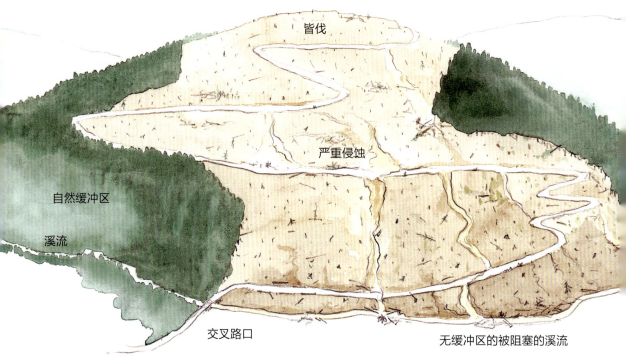

皆伐

严重侵蚀

自然缓冲区

溪流

交叉路口

无缓冲区的被阻塞的溪流

其他伐木作业方式

- 有一种"带状采伐"方式，即在森林中仅对相对狭长区域的树木进行皆伐，保留其邻近区域的树木，这样相邻的成熟森林带就是森林再生的种子来源，待砍伐带的树木长起后再砍伐之前保留的森林带。森林带与砍伐带交替存在，使野生动物能在树木繁茂区域之间活动，这就可以使该地区的物种丰富度得到较好的保持。

- 还有一种"渐伐"方式，即在砍伐时有意保留最理想的树木，使其进一步生长，以便作为新生树种的来源。

我如何帮助？

拯救森林

对于个人方面

- 将废纸重新用于笔记和草拟文件。
- 回收所有用过的纸张和纸板产品，购买再生纸。
- 尽量少用纸张和木制品。
- 寻找并购买环保认证的纸张和木制品。
- 充分利用你的消费者力量，游说林业和政府部门提高其环境责任。大公司正在回应公众对皆伐的谴责，尤其是砍伐古老的森林。支持创建公园和保护区。

对于林业方面

- 尽量选择择伐。
- 停止皆伐陡峭的斜坡上的林木。
- 减少或逐步取消皆伐。
- 改善穿越溪流的道路状况，以减少侵蚀。
- 为溪流、湖泊和敏感栖息地留出足够的自然缓冲带。
- 使用替代作物作为纤维来源，例如蓖麻。
- 支持对自然区域的永久保护。
- 追求更高的环境标准和生态认证。

农业与农村问题

无际的小麦和干草，

在微风中翩翩起舞。

在一条乡村小溪旁，

牛群在静静地吃草。

乡村田园恬静美好的景象无疑让人流连忘返，但事实并非我们所看到的那样。许多人认为我们在农村看到的是自然景观的代表，因此那里是野生动物的最佳栖息地。不幸的是，任何被用于集中种植作物或饲养家畜的地方都与那里原有的生态系统大不相同。在整个北美大陆和世界各地，大片土地已经从天然林、原生草原甚至沙漠转变为粮食生产区。郁郁葱葱的农田其实是一种误导，至少在自然栖息地方面是这样。

当移民们清除北美大陆东部地区的森林后，他们用农作物和家禽家畜替代了当地的动植物群落。范围小时，这种替代影响不大。起初，移民数量较少，意味着仍有大量原始森林未被开垦，野生动

自然生态系统与单一作物

- 森林和草原有许多不同的植物物种，它们组成许多不同的层。有些植物长得很高，有些是中等高度，还有些比较低矮。这种垂直分层，加上物种多样性，为各种生物提供了无数的小生境。
- 将这种奇妙的多样性与单一作物的多样性进行比较。

物还有迁徙之地。但是，随着越来越多的移民到来和新一代的出生，农业用地的需求不断增加。

因此，曾经是森林覆盖的大片地区现在变成了庄稼地或牧场。有些地区的土地是在两百多年前开垦的，导致许多人相信这些地方一直就是田野。许多适应原始森林栖息地的野生动物现在的数量很少了，只有在其原生栖息地的碎片区域中才可以找到。

随着移民定居者向西迁移，同样的故事在整个北美大陆重演。随着人们对农作物和牧场需求的不断增加，任何气候适宜、土壤肥沃的土地都在被尝试开垦。草原的吸引力尤其大，因为人们不需要再清除其上面覆盖的高大繁茂的植被。这种从原生草原到农田或牧场的变化是不易察觉的，因为对许多人来说油菜田和原生草原之间没有明显的区别。但是，原生草原上有丰富多样的动植物，而当这些地区被开垦耕种单一作物，或变成较小面积的牧场时，当地的物种和生物群落就会受到影响。

将已建立的植物群落从自然环境中去除，其影响是深远的。显然，植物的多样性会立即减少，除此之外，依赖原始本土植物的动物和其他生物的多样性也会随之减少。从原始森林到农田的变化是一个显而易见的例子，而从原生草原到农田的变化同样明显。事实上，原生高草草原是北美最受威胁的栖息地之一。

• 从远处看，庄稼地、天然草地和森林都是绿色的。它们通过光合作用产生氧气，有助于减少温室气体。此外，植物的根部可减少土地侵蚀，叶子遮阴可减少土壤中的水分蒸发。所有这些都很好。

• 然而，这种植被对当地野生动物的有用程度却大不相同。现在大片单一的农作物很普遍，而它们提供的栖息地多样性却非常少。因此，随着集约农业的发展，植物、动物甚至微生物的生物多样性已大大减少了。

草原沼泽

- 大草原上坑坑洼洼的沼泽是北美地区最重要的鸭子繁殖地。与其他湿地一样，这类栖息地的大部分已经被排干水、填平，用于生产更多的农作物。有时，这样的土地会因为太潮湿而影响农作物的生长。
- 这些湿地是水禽和其他动物非常重要的栖息地，应当保持其自然状态。
- 农场里的湿地可以储存水、降低洪涝风险，并提供鱼类产卵的栖息地。香蒲和其他沼泽植物也能吸收大量养分和一些有毒污染物，从而有助于净化水体。

若保留树木缓冲区，溪流中的平均水位会更高。

耕种河滩地

靠近河流的低洼平坦的土地被称为河滩地或洪泛平原。顾名思义，这些地区经常在春季暴雨和融雪时遭受洪水的侵袭。洪水带来了大量的营养物，使这些地区的土壤极其肥沃。尽管有洪涝灾害的危险，但这些河滩土壤肥沃、临近水源，因此是理想的耕种地。

多样化的森林群落原产于许多河谷，鸟类、哺乳动物和昆虫沿着这些河谷走廊迁徙。有些鱼类甚至已经适应了在暂时被洪水淹没的林地中产卵。在许多地区，农场和城市占据了这片生态丰富的土地，享用这重要的栖息地，降低了这一自然走廊的可用性。此外，缺乏乔木和灌木遮挡的河流和溪流对水生生物是有害的。没有了树荫，溪流的水温会升高，溶氧水平会降低，鱼类和无脊椎动物的藏身之地就会减少。

我如何帮助？

耕作农场栖息地

- 保留或恢复溪流、河流、湖泊和湿地周边的天然植被缓冲带，为野生动物提供栖息地。这样可以创造一个自然走廊，保持水生生物的丰富。另外，天然缓冲区还可以降低土壤侵蚀和水污染的风险。

- 沿着农田边缘种植并保留由乔木、灌木和其他植物组成的树篱。这一重要的栖息地有助于减少风对土壤的侵蚀。

- 在农场里保留部分自然栖息地。在林地中设置植被再生区域、野生动物栖息地和柴火供应区。在北美大陆东部的许多地方，林地也是枫叶糖浆的良好产地。

- 为草食性家畜保留牧场，这也将使一些草原鸟类受益。

- 保持湿地完整；避免把它们改为耕地。

- 让小块农田再野化。这些生产性土地可以通过自然演替进行再生，也可以重新种植当地的树木和植被。

城市和郊区问题

不久前，我们大多数人还生活在农村，但现在这一趋势发生了逆转，大多数人居住在城镇，因为这里工作方便、服务业发达、设施便利。人们对城市的形象和现实非常熟悉：一望无际的房屋、公寓楼、购物中心、工厂、车道、停车场、道路和高速公路。随着北

美人口的持续增长，土地的城镇化使用正在迅速蔓延。虽然大多数城市地区都设置有一些指定的绿地，但均以草坪为主，辅以一些景观树，几乎没有原始的自然栖息地。

　　动植物是可以在城市中找到归宿的。我们都熟知北美许多城市里有大量的鸽子、椋鸟和浣熊；我们的城市可以成为更多物种的家园。人们发现一些稀有的鸟类出现在美国最大城市市中心自然化的庭院和花园里，海龟会在城市河流中的原木上晒太阳，狐狸、鹿和郊狼游荡在公园和峡谷中，原始森林残存的树种还保留在陡峭的山坡上。城市空间并不适合所有的野生动物栖息，但如果有良好的栖息地，我们就会发现令人惊讶的野生动物物种多样性——尽管有大量的人类居住在附近。

城市的表面文章

- 有草坪和景观树木的小型城市公园为人们提供了休闲娱乐场所，但这不是真正意义上的自然栖息地。
- 高尔夫球场和以草坪为主的城镇公园均不适合大多数本土野生动物的生存。

城市河流

河流一直是野生动物迁徙的重要通道。鱼类向上游和下游洄游产卵，候鸟顺着这些天然通道前往越冬地，还有无数其他大小迥异的生物每天、每月或每年都会在河流中或沿着河流旅行。

这些天然河流走廊也是土著人、盗猎者、探险家，以及现代的皮划艇运动员行走的重要路线。曾经，洪涝风险使地产开发商无法在河流附近的洼地上建造住房和办公楼，农场和依赖水源的工业往往是这些河谷地区中唯一的人类建筑。

随着工程技术的发展，洪涝灾害发生的频率降低了。因此，现代城市已在河谷中建设了高速公路、铁路线、石油和天然气管道、水电走廊以及无数其他非自然用途设施。在城市中心，河流和河谷的生态作用往往被功利性的、以人为本的功能应用取代。通常在流域的下游，即靠近河口的地方，人口密度最大，人们对环境的破坏也是最大的。

在太多的地方，人为介入已使自然生态系统的栖息地几乎完全退化和丧失。郁郁葱葱的洪泛平原森林早已消失，它们先变成了农田，然后是城市交通道路；河口处的湿地也已被填平，用于工业或海滨开发；在寸土寸金之地，河流平缓弯曲的水道也被改变了，仅留下一个极尽狭窄的河道来"讲述"它们的过往。

栖息地碎片化问题：景观生态学

当自然栖息地因林业、农业或城市化发展而丧失或支离破碎时，所产生的生态方面的影响是非常复杂的。一般来说，较大的自然栖息地往往有较多的物种，当一个自然栖息地的面积减小时，其中的动植物和微生物物种总数就会减少。在广袤农耕土地上残存的林地或原生草原就像一个个海上的孤岛，符合"岛屿生物地理学"模式。因此，一个地区的生物多样性会与其自然栖息地的大小有关。

当一个自然生态环境被四分五裂或被分割成越来越小的片区时，自然栖息地的数量显然会受到影响。除此之外，栖息地的质量也会受到严重影响。即使是一条穿过生态敏感林地中间的道路，也会产生出乎意料的深远影响，这是因为许多野生动物不喜欢居住在栖息地的边缘附近。

许多物种已经适应居住在相对稳定的生态系统的内部区域。这并不奇怪，因为大片特定类型的栖息地曾经覆盖了整个北美大陆。在一片与世隔绝的北美洲北方森林中，许多小动物甚至害怕穿过一条狭窄的小路。然而，也有一些物种会受益于栖息地的碎片化，这些物种通常喜欢生活在栖息地的边缘地带。

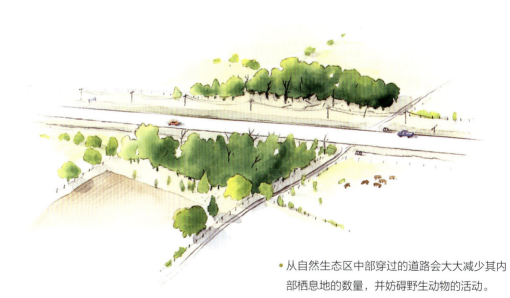

- 从自然生态区中部穿过的道路会大大减少其内部栖息地的数量，并妨碍野生动物的活动。
- 如果道路位于森林或湿地等自然生态区旁边或内部，不仅会对乌龟、蛇等爬行动物和青蛙等两栖动物有威胁，对其他野生动物也是有威胁的，甚至可能是致命的。

边缘效应

靠近自然栖息地外部的区域被称为"边缘"，而"内部"栖息地则是在其里面。许多本地物种需要大片的内部栖息地而需要避开边缘栖息地（如迁徙的鸣禽、林地驯鹿等）。

边缘栖息地的数量随着自然栖息地的碎片化会大大增加。实际上，许多为保护野生动物而建立的森林公园对内部物种而言太小了，而一些残留的小片自然栖息地可能只包含边缘栖息地而没有内部栖息地。

野生动物走廊

野生动物走廊是连接碎片化自然栖息地的带状栖息地，它们能使野生动物更安全地在孤岛状的栖息地间穿行。河边树林就是野生动物走廊的一个很好的例子。走廊还能提高孤立和分散的栖息地的生态价值，走廊沿线较宽的区域（称为"节点"）能为野生动物提供更多的住所、食物和保护。

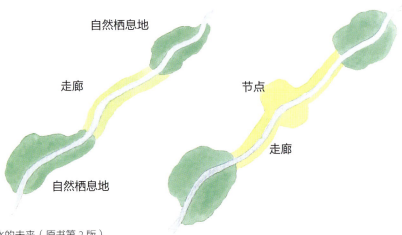

栖息地碎片化

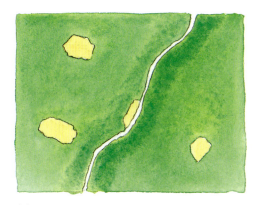 

过去

- 原始自然栖息地面积广阔、相对完整。
- 它包含若干不同的生境和水源。
- 大片的栖息地拥有丰富的物种生物多样性。

现在

- 原来的栖息地面积锐减，并碎片化。
- 小而孤立的自然栖息地包含较少的本土野生动物物种。
- 这是现在的典型景观。

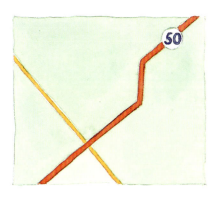

令人误解的地图

- 尽管许多地图上都有大片的绿色区域，但在北美洲很少有地区没有密集的道路网络。
- 事实上，道路的数量远比人们想象的多得多。即使是在非常偏远、人烟稀少的北部和山区，也有用于伐木和水力发电的道路。
- 输电线路走廊和公用设施走廊同样影响了大片的自然栖息地，使北美大陆北部的森林和其他自然栖息地支离破碎。

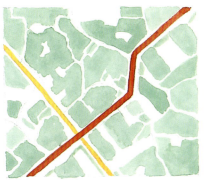

9 第九章
生态修复：纠正环境错误

纵观人类历史，我们对我们生活的自然生态群落产生了深远的影响。当我们改变栖息地以满足自己的需求时，必然会影响到生活在那里的所有其他生物。这样一来，我们就对我们所在的整个流域产生了影响。幸运的是，许多人开始意识到保护自然栖息地和本土物种非常重要。一些新的开发项目正在融入一些自然特征，从林地到池塘，并试图减少对环境的影响。而从一些新住宅小区的名称来看，即使是临近一小块绿地，也会成为一个主要的卖点。

在已经开发或环境退化的地区，环保组织正试图在空地、公共公园以及私有土地上恢复自然栖息地。从生态学意义上讲，这一活动正变得越来越复杂。例如，植树造林是一件好事，但如果恢复的植被是最初在那里发现的原生植物群落的典型植被，其环境效益就会大得多。通过将孤立的恢复项目连接在一起，这些补种工作变得更加重要。当这些栖息地恢复项目与减少污染的努力齐头并进时，环境就会真正受益。

恢复身边的栖息地

经过一番精心的研究与规划，你的院子或农场便能焕发出新的生机，既美观又能成为本土野生动物的乐园。即便空间有限，比如，市中心的一隅小花园，这样的修复项目也能为环境带来好处。

首要任务是探寻你所在地区原本的自然栖息地风貌，或许是广袤的草原，抑或是繁茂的落叶林。重建这样的生态群落意义非凡，因为它与你的土壤和气候相得益彰。若你所在地的某些栖息地类型正面临威胁，你或许会毅然决然地投身于它们的重建之中。然而，切记要抵制诱惑，避免打造一个与你的花园条件格格不入的栖息地，比如，在干旱的气候中勉强种植热带雨林树木。明智之举是选择适合当地的物种。从长远来看，一个无须过多维护的新花园将为你带来更多的喜悦与满足。

在设计你的栖息地时，不妨融入那些能为本土野生动物提供帮助的物种和元素。大树可为鸟类提供遮阳避暑、筑巢繁衍的佳所，而茂密的灌木丛则成为小型哺乳动物和鸟类的避风港，其他动物则在低矮的植被中寻觅美食。别忘了，许多本土昆虫物种也亟须我们的援手，为它们种植本土花卉，让它们在你的花园中翩翩起舞，蜂鸟也会因此对你感激不尽。若你打造一个小池塘，甚至是一个简单的鸟浴盆，定会吸引更多的野生动物前来栖息。当你住的地方远离溪流或湖泊时，这样的水域更显珍贵。其他如沙浴池和灌木丛等自然元素，也对野生动物大有裨益。

在规划时，不妨创造一些植物类型和大小的多样性，这将有助于吸引更多的物种前来定居。你的花园设计有着无限可能，无论你如何打造，都几乎可以肯定地说，它将比单一的草坪更加生动有趣。不妨翻阅一些关于花园设计的书籍和吸引野生动物的指南，汲取灵感。你也可以前往当地的园艺中心咨询专家意见，或者联系自然历史俱乐部或环保组织，与他们交流心得，获取更多创意与启发。

本土植物的多重益处

种植本土树木、灌木和其他植被似乎简单得毫无意义，但却是恢复自然栖息地和改善水质最有效的方法之一。由于植物是食物链的基础，因此恢复自然花卉、灌木和森林植被是任何恢复栖息地的努力中至关重要的部分。这样做的好处有很多。

- 植物消耗二氧化碳，减少大气中的温室气体并应对气候变化，它们还向大气释放氧气。

- 树荫为人类和动物提供了避暑的场所，使当地气候保持凉爽，并减少土壤中水分的流失。在许多地方，这有助于提升地下水位。

- 树荫还能使溪流和河水降温，从而为鲑鱼和其他生物提高水中的含氧量。
- 树木能拦截降雨并吸收水分，减少水土流失和洪水风险。

- 较小的植被和地被植物可为生物和微生物提供栖息地。
- 植被能吸收多余的养分、肥料，甚至一些毒素，从而降低水污染的风险。
- 森林和湿地就像海绵一样，能储存多余的水，并缓慢地释放到溪流和地下水储备中。

- 植被为野生动物提供庇护所，为鸟类和松鼠提供筑巢地，为各种大大小小的生物提供食物。
- 树木、灌木和地面植被的存在不仅意味着更丰富的植物生命，还意味着比单一的草坪拥有更繁复的生物多样性。

家中的栖息地恢复

除了选择本土的原生植物品种外，还要考虑具体的场地条件，如土壤类型（沙质、黏土、肥沃的壤土）、场地日照量和土壤湿度（是潮湿地区还是普遍干燥地区）。了解哪些植物最适合你所在地区的土壤和气候，将是你的花园成功与否的关键。

如果你能想到所有生物的基本需求——食物、水和庇护所，这将有助于你规划设计你的花园。在冬季，你的花园是否能为鸟类提供一些食物——也许是针叶树的茂密庇护所，或者是能持续生长到最寒冷的月份的营养丰富的浆果？你的花园中是否有能为当地繁殖的鸟类或两栖动物和小型哺乳动物提供庇护所的植物？你是否种植了一些能为迁徙的鸟类提供食物的植物？理想的情况下，你的自然花园全年都能为各种野生动物提供栖息地和食物。

- 种植色彩鲜艳的花卉，有益于蝴蝶、蜜蜂和其他昆虫等传粉者以及蜂鸟和莺鸟。这些生物在为花园植物、农作物以及附近的树木和其他植物授粉方面发挥着重要的生态作用。

- 请将割草机刀片设置得高一些，并把割下的草留在草坪上。

- 水对所有生命来说都是必不可少的，因此鸟澡盆、花园小池塘或其他水景可能是你花园中最值得赞赏的景观之一。请务必保持鸟澡盆清洁并注满水。花园小池塘对鸟类、青蛙和其他野生动物特别有吸引力。与鸟澡盆一样，可以安装循环泵或冒泡器来保持水的清洁。如果可能的话，请在冬季也提供水源。

- 尝试纳入一些特色元素，如老树桩或腐烂的木头。这可以为火蜥蜴等小型生物提供栖息地，或为鸟类提供寻找昆虫食物的潜在场所。随着木头的腐烂，养分会渗入到土壤中。即使是一些干燥的沙土也能吸引野生动物——从麻雀到松鸡等许多鸟类都喜欢在这里洗个沙浴。

- 抵制整理花园的诱惑，在一些地方留些落叶或小灌木丛。它们可以形成一层天然覆盖物，不仅是野生动物的理想栖息地，还是天然肥料，有助于土壤保持水分。

- 如果你的场地相对平坦，可以尝试建造土丘和洼地，使栖息地和地形地貌更加多样化。即使面积很小，洼地也可以保持略微湿润，而土丘可以成为鸟类最喜欢的栖息地。

- 安装几个鸟食器，并在冬季天然食物最短缺时将它们装满。市面上有很多预制的种子混合物，也有很多关于鸟类喂食的信息，因此请务必对你所在地区的鸟类进行一些研究。

- 不同大小的鸟巢箱可以吸引鸟类在你的花园中停留，并在春夏季繁衍后代。天然树洞往往供不应求，因此要做些研究，购买或自己建造鸟巢箱。

更大规模的栖息地恢复

除了考虑你自己的财产外，如果可能的话，请参与更大的栖息地恢复工作，例如，在你乡下的庄园、社区建设或当地环保项目的部分工作。

恢复栖息地的重点包括：为蝴蝶、蜂鸟或本土蜜蜂创建一个授粉区；种植新的森林、草地或湿地栖息地；或沿着小溪、河流、池塘、湖泊或湿地创建一个自然野生动物走廊。你还可以通过在现有自然区域的边缘种植树木、灌木和其他适合当地环境的本土植物，来帮助改善现有森林或自然区域的健康状况。这将有助于为许多喜欢所谓内部栖息地的本土野生动物创造重要的栖息地。

- 绿篱是相对狭窄的自然栖息地，通常由树木、灌木和较小的草本植物组成，位于开阔区域的边缘或相邻田地之间。这些绿色走廊为野生动物提供了重要的栖息地，同时还能起到防风的作用，并有助于减少土壤流失。

- 在溪流岸边种植树木、灌木和其他植物，可以形成野生生物走廊。这些植物还有助于减少水土流失，为水体遮阳降温。这不仅有利于鱼类和其他水生野生动物，还有助于增加水中溶解氧的含量。

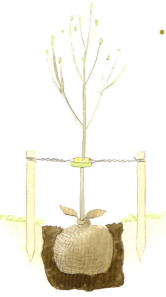

- 河岸和湖边的树木和植物尤其重要。
- 务必在合适的深度种植树木。树坑应足够大，以容纳所有树根，但也不能太深。在树木周围铺上木屑或其他覆盖物，以抑制杂草的生长。
- 在第一个生长季节，尤其是在炎热、干燥或有风的天气里，要经常给新栽种的树木浇水。

小溪和河流修复

恢复小溪和河流的生态健康看似费时、费力，还费钱，但其积极的影响却是巨大的。一些主要问题包括河边植被和森林的丧失、河岸侵蚀、河道加宽、泥沙淤积、水污染和筑坝。遭受严重环境破坏的水道可能需要大的项目规划和艰苦工作，加上财政支持和政府批准，才能实现主要的修复目标。然而，有许多有益的事情在当地是可以做的，而且很简单且费用也很低。

恢复河流最简单也是最重要的一件事就是在河岸种植本土植被，这样可以立即稳定土壤，又会减少对河岸的侵蚀，减少沉积物，减少过量的营养物，降低洪水风险。在选择植物时，要考虑哪些物种最适合当地的生长条件。增加植物的多样性和数量会自动增加动物生命的多样性，因为这样会创造出许多栖息地。为了增加水生生物的栖息地，请记住，大多数溪流通常都有一些原木和自然碎屑，有的沉在水里，有的漂浮在水上。

树木稀少，河岸侵蚀严重的河流，通常会变得更宽、更浅，并失去大部分的自然流动模式。随着河岸稳定性的提高，河道会逐渐恢复到原来较窄时的宽度。随着恢复工作的进行，大部分原始流动模式也将恢复。草木植被一旦扎下根，就会为水体遮阳，降低水温，提高水中氧气浓度。

在侵蚀严重的地方，可能有必要用原木或其他设施加固河岸，这将有助于减缓沿岸的水流。在极端情况下，可能必须使用具有加固作用的石笼或抛石护岸。为了帮助河道加深，可以安装原木，迫使水向下流。如果你能获得重点支持来进行大规模的修复工作，你可能需要探索研究拆除阻碍鱼类洄游的水坝的可能性。但这并不总

我如何帮助？

是可行的，因为许多水坝是为了防洪而建造的。

　　如果让流域中的其他人也参与进来，小溪和河流的修复工作就会更有成效。例如，鼓励当地的房屋业主、农民、企业和政府领导对环境保护承担更多的责任，这将有助于减少环境污染和改善栖息地。你可以清除溪流中的垃圾和旧轮胎，因为它们是环境污染的来源。

加固河岸

巨石挡板

原木

侵蚀

抛石或石笼

加固高水位泄洪道

拦水坝

沿岸植树

沉积区

导流木

• 与当地政府协商，以获得溪流
  修复工作的许可。

评估当地溪流：水质有多干净？

水质的生物指标

你可以通过观察当地溪流或河流中发现的一些水生生物，来大致判断其水质是否干净。许多生物只能在含有大量氧气（这通常出现在干净、凉爽、快速流动的溪流和河流中）的水中生存。有些物种可以忍受轻微污染的水域，而其他物种则生活在高度污染的地区。反映环境健康状况的物种被称为生物指标、生物指示剂或生物指数物种。耐污染物种可以在更干净的水域中找到，但清洁水域的物种不会出现在高度污染的栖息地中。一般来说，随着污染量的增加，物种数量会减少。

进行这种生物评估不需要特殊设备或专业知识：一双橡胶靴和一个收集容器就足够了。如果你想更专业一些，可以带上捞网、镊子（钳子）、放大镜和一个白色搪瓷盘。静静地观察水面几分钟，你一定会看到有东西在动。你还应该查看石头底部，看看是否有东西在爬行，还请检查植被并探查底部沉积物。如果你把一些长有少量藻类或苔藓的石头和一些腐烂的叶子放在一个透明的容器里，你可能会看到更多的东西开始移动。

第 153 页的列表是对不同水生无脊椎动物群体以及少数鱼类和两栖动物耐污染性的概括总结。这些物种主要反映了水中氧气的含量，这是水生生态系统的一个重要方面。不过，间接地，这也可能表明来自氮、磷、农业径流（包括粪便）甚至污水的污染量。

这个表并非旨在表明有毒化学物质的污染量。然而，"清洁水域"的鱼类和两栖动物的存在确实提供了一些积极的线索。青蛙、蟾蜍和蝾螈在水中产卵，然后孵化并让卵发育，它们对各种污染都非常敏感，包括酸雨、重金属和其他毒素。这意味着它们是非常有用的生物指标物种。如果在适宜的栖息地中没有发现它们的踪迹，那么这块栖息地可能存在污染问题，尽管也可能有其他解释（如狩猎和采集）。

小溪和河流的生物指标物种

能在清洁水域存活的生物	能在轻度污染的水域存活的生物	能在污染严重的水域存活的生物
蜉蝣幼虫（蜉蝣目）	水蛭(环节动物门、蛭纲）	污泥虫和环节动物（如水丝蚓科）
石蝇幼虫（襀翅目）	水生潮虫（等足目）	摇蚊幼虫（摇蚊科，包括其红色的幼虫"血虫"）
蜻蜓幼虫（差翅亚目）	淡水螯虾（十足目）	
真虫幼虫（半翅目）	部分蜗牛（软体动物门、腹足纲）	
甲虫幼虫（鞘翅目）	部分摇蚊幼虫（摇蚊科）	
石蚕幼虫（毛翅目）	鲤鱼、鲦鱼、金鱼（鲤科）	
淡水海绵（多孔动物门）	吸口鱼(吸口鲴科)	
鳟鱼和鲑鱼（鲑科）	鲶鱼、黄颡鱼（鲶形目）	
青蛙、蟾蜍、蝾螈（两栖动物）		

鳟鱼

淡水螯虾

摇蚊幼虫

- 切记，该表所列生物指标物种只是流水生态系统（如溪流和河流）的环境健康指南。它不适用于湖泊、池塘和湿地生态系统，因为这些生态系统中通常有着截然不同的水生生物。

- 附录 Ⅲ 中的插图将帮助你识别这些常见的水生生物。

安全须知

在你下水之前有几点注意事项：确保溪流和河流条件是安全的。避开深水区或有潜在危险的地方，包括黏土多、水流急或有其他危险的地方。洪水泛滥期间，河流甚至细小的溪流的水位都会迅速上涨，变得非常危险。要待在浅水区、岩石区。这些地方是寻找生物指标物种的最佳区域。如果你怀疑有害细菌（来自污水或牲畜粪便）的严重污染，请向当地卫生官员核查，并戴上橡胶手套。调查结束后要洗手。

结束语

　　本书探讨了生态学的一些基本原理以及许多环境问题。在整个讨论过程中，我们强调了水和流域对野生动物、对我们自身以及对自然界整体健康和福祉的重要性。人们常常忘记生态学中一个非常简单而重要的观点：所有生物都需要水，而且需要大量干净、新鲜的水。因此，水滋养着我们这个不可思议的星球上的生命。

　　北美洲拥有丰富的自然资源。这里有广袤的森林和肥沃的农田，有些地区还有广阔的空地，人烟相对稀少。在北美大陆的许多地方，淡水资源非常丰富。事实上，在靠近大湖和河流的地区，淡水可以随意取用，以至于人们认为随意取用淡水是理所当然的。

　　尽管这种最基本的资源非常重要，但是人类还在浪费和污染着水资源。我们把水道当作了探险之路和运输通道。我们利用水流漂浮木排、发电碾磨小麦以及切割木材。为了发电，我们阻断和改变了河流的流向。我们肆无忌惮地从地表和地下储备中取水，在曾经只有沙漠植物生长的地方种植农作物。我们大量砍伐森林或移除其他植被，使得地表水流和地下蓄水层的补给减少。几个世纪以来，我们把农场、村庄、城镇和城市建在可以取得淡水的地方。然后，这些河流和湖泊又稀释并带走了我们产生的污水及工业废物。

　　令人欣慰的是，近几十年来，我们在保护水资源方面取得了长足的进步。人们认识到了环境问题，目前正在采取许多积极措施来改善空气、土壤和水的质量。其中一些是大规模的行动，例如，清理受严重污染的场地和安装更环保、更友好的技术设备。不过，很多（也许是绝大多数）正在采取的积极措施都是小规模的、地方性的和低预算的。志愿者团队捡拾垃圾、植树造林或帮助重建被遗忘已久的湿地。在此基础上，农场、工厂和家庭正在采取渐进式的生态措施。我们正在恢复栖息地，我们正在采取措施减少污染和应对气候变化。

考虑到我们的活动对流域和地球的影响，我们认识到空气中和土地上发生的一切最终都会影响到水。我们也知道，河流上游的问题会随着每一条支流逐渐累积。我们知道，这些环境问题在下风处和下游都会被放大，但我们的积极行动效果也会被放大。生态修复和污染清理不仅对当地，而且对整个流域都会产生有益的影响。这些行动有时看似微不足道，但当千百万人都参与其中时，就会产生巨大的效益。因此，下次当你做了对我们的流域有益的事情时，请再做一件事——让你的亲朋好友们也参与进来，一起共建美好流域。

我们都被水深深吸引，无法抗拒，我们似乎都对小溪、河流、湖泊和海滨有着孩童般的迷恋。这也许是因为水总在流动，也是因为水对生命和我们自身都至关重要。我们应该对冰雪消融的小溪、汹涌澎湃的河流和飞流直下的瀑布着迷，也应该对沼泽和湿地着迷。这种无法解释的自然魅力会诱使我们追随着溪流，从其不起眼的源头开始，一路顺流而下，最终汇入大海。因此，很自然地，我们无论生活在哪里，我们每个人都应该尽我们所能，确保水域和流域的健康。

附录

I 生物的五界

命名物种和研究不同生物群体之间关系的科学家被称为分类学家。虽然过去曾使用过不同的分类系统，但科学家通常将生物分为五界：原核生物界、原生生物界、真菌界、植物界和动物界。这五界分类法取代了早期一个广为人知的系统，该系统将所有生物分为植物界或动物界的系统。这五种分类中的每一种生物都有其具体特征。

为了避免常见名称出现混淆，所有已知物种都有一个全球公认的标准化名称。这个名称由两个基本部分组成：第一部分是属名，

原核生物界

原生生物界

原核生物界（细菌）

原核生物是单细胞生物，是最微小、最古老的生物。它们最初产生于 35 亿年前。（地球的年龄约为 46 亿年）。这个界既包括有益的物种（如产生氧气的蓝藻或制作奶酪和酸奶所需的细菌），也包括有害的物种（如引起肺炎的致病细菌或肉毒杆菌等）。

原生生物界

这个界包括许多单细胞生物，如变形虫和草履虫。现在分类学家把大型多细胞海藻和海草也归入这一类。

真菌界

真菌界的成员通常是多细胞生物，包括霉菌、伞菌和许多分解菌。伞菌帽是真菌的生殖部分；大部分真菌是由隐藏的、透明线状菌丝组成的。

植物界

植物界的成员是多细胞生物。它们通过光合作用自己制造食物。苔藓、草、蕨类、野花和树木等就属于这一类。

动物界

动物界的成员必须是多细胞生物，通过捕捉和摄入食物生存。这个界包括大小形状各异的动物，如海绵、水母、蠕虫、蜗牛、螯虾和不计其数的昆虫。脊椎动物只是其中一个很小但广为人知的亚群，包括鱼类、两栖类、爬行类、鸟类和哺乳类。

第二部分是种名。例如，游隼的科学名称是 Falco peregrinus。没有两个物种的科学名称是完全相同的，但是，近缘物种通常有相同的属名。

II 食物链、食物网和生态金字塔

所有食物链的基础都是"生产者"，如植物、某些细菌和原生生物。"生产者"将原材料（如土壤或水中的化学营养物）和能量（来自太阳）转化为"消费者"可以食用的食物。只吃植物的物种被称为食草动物，或一级消费者。吃食草动物的生物是食肉动物，或称二级消费者。(杂食动物既吃植物也吃动物。) 再下一级消费者就是三级消费者，以此类推。食物链上的每一个不同层次被称为"营养级"。

"分解者"（包括真菌和细菌）是从死亡和腐烂的生物体中获取营养的生物。它们这样做有助于循环利用地球上的营养物，如碳、氮、氢、磷和钙。这些营养物在地球上不断被重复利用，但我们还需要来自太阳的能量来维持生命。因此，生态学上常见的表达是"营养物循环和能量流动"。

食物链是在特定栖息地中表明"谁吃谁"的简单关系。但在现实中，大多数生物会吃很多东西（或被很多东西吃），因此食物网更能真实地反映实际情况。在大多数生态系统中，存在着无数的相互联系，因此食物网极其复杂。

生态系统中的"生产者"通常远远多于初级"消费者"，而次级或更高级的"消费者"则更少。如果你能称量每个营养级生物的质量或储存的能量，你就会发现类似的趋势。这些模式有时被称为生态金字塔，因为个体数量（或生物量或能量）会随着食物链的升高而变小。

食物链例子

四级消费者
（如泥鳅）

三级消费者
（如小型鱼类）

二级消费者
（如水生昆虫）

一级消费者
（如浮游动物）

生产者
（如浮游植物和植物）

III 流水和静水中常见的水生无脊椎动物

淡水海绵
多孔动物门（静水和缓流）

扁形虫
扁形动物门（水底沉积物，
各种栖息地）

线虫
线虫动物门（水底沉积物、
依附植被，各种栖息地）

环节动物和水蛭
环节动物门（静水和缓流）

水螨
蛛形纲（静水）

注释：这是一个非常通用的指南。每个类别
中有许多不同的物种，每个物种在形状、大
小和偏好栖息地方面都有差异。

软体动物

蜗牛和帽贝
腹足纲（静水和流水）

蛤蜊和贻贝
双壳纲（静水和流水）

甲壳类动物

螯虾
十足目（各种栖息地）

水蚤
桡足类枝角类（静水）

侧游虫、滩涂跳虫、海虱
端足目和等足目（静水和湍
急水流中的岩石下）

昆虫 / 昆虫纲

（许多水生昆虫是处在生命周
期中的幼虫或"若虫"阶段）

蜉蝣生物
蜉蝣目（静水和流水）

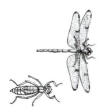

蜻蜓
蜻蜓目、差翅亚目（静水
和缓流）

豆娘
蜻蜓目、束翅亚目（静水
和缓流）

襀翅目昆虫
襀翅目（仅限流水）

**真虫类，包括蜻蜓点水
虫、竹节虫、巨水虫**
半翅目（静水和缓流）

田鳖和鱼蛉
广翅目（静水）

**甲虫类，包括旋涡虫和
捕食性潜水甲虫**
鞘翅目（静水和缓流）

石蛾（"小蜉蝣"）
毛翅目（静水和流水）

黑蝇
双翅目、蚋科（流水）

蚊子
双翅目，蚊科（静水）

大蚊
双翅目，大蚊科（静水）

**蠓（包括"血虫"，一
种红色幼蠓）**
双翅目，摇蚊科（静水，
有时在死水中）